TRAITÉ DE

GÉOMÉTRIE

ÉLÉMENTAIRE

ENTIÈREMENT CONFORME

AUX NOUVEAUX PROGRAMMES OFFICIELS,

PAR

MM. L. AURIFEUILLE ET C. DUMONT,

ANCIENS ÉLÈVES À L'ÉCOLE POLYTECHNIQUE, PROFESSEURS DE MATHÉMATIQUES
À L'INSTITUTION DIOCÉSAINE DE PONS.

DEUXIÈME ÉDITION

Renfermant les courbes usuelles, le levé des plans, le nivellement et les notions sur la représentation
géométrique des corps.

AVEC PLANCHES

PREMIÈRE PARTIE

D. O. M.

TOULOUSE

TYPOGRAPHIE DE BONNAL ET GIBRAC
Rue Saint-Rome, 46

1860

TRAITÉ

DE

GÉOMÉTRIE ÉLÉMENTAIRE.

V
31091

TRAITÉ

DE

GÉOMÉTRIE

ÉLÉMENTAIRE

ENTIÈREMENT CONFORME

AUX NOUVEAUX PROGRAMMES OFFICIELS,

PAR

MM. L. AURIFEUILLE ET C. DUMONT,

ANCIENS ÉLÈVES A L'ÉCOLE POLYTECHNIQUE, PROFESSEURS DE MATHÉMATIQUES
A L'INSTITUTION DIOCÉSAINE DE PONS.

DEUXIÈME ÉDITION

Renfermant les courbes usuelles, le levé des plans, le nivellement et les notions sur la représentation
géométrique des corps.

AVEC PLANCHES.

D. O. M.

TOULOUSE

TYPOGRAPHIE DE BONNAL ET GIBRAC

Rue Saint-Rome, 46.

1859

1860

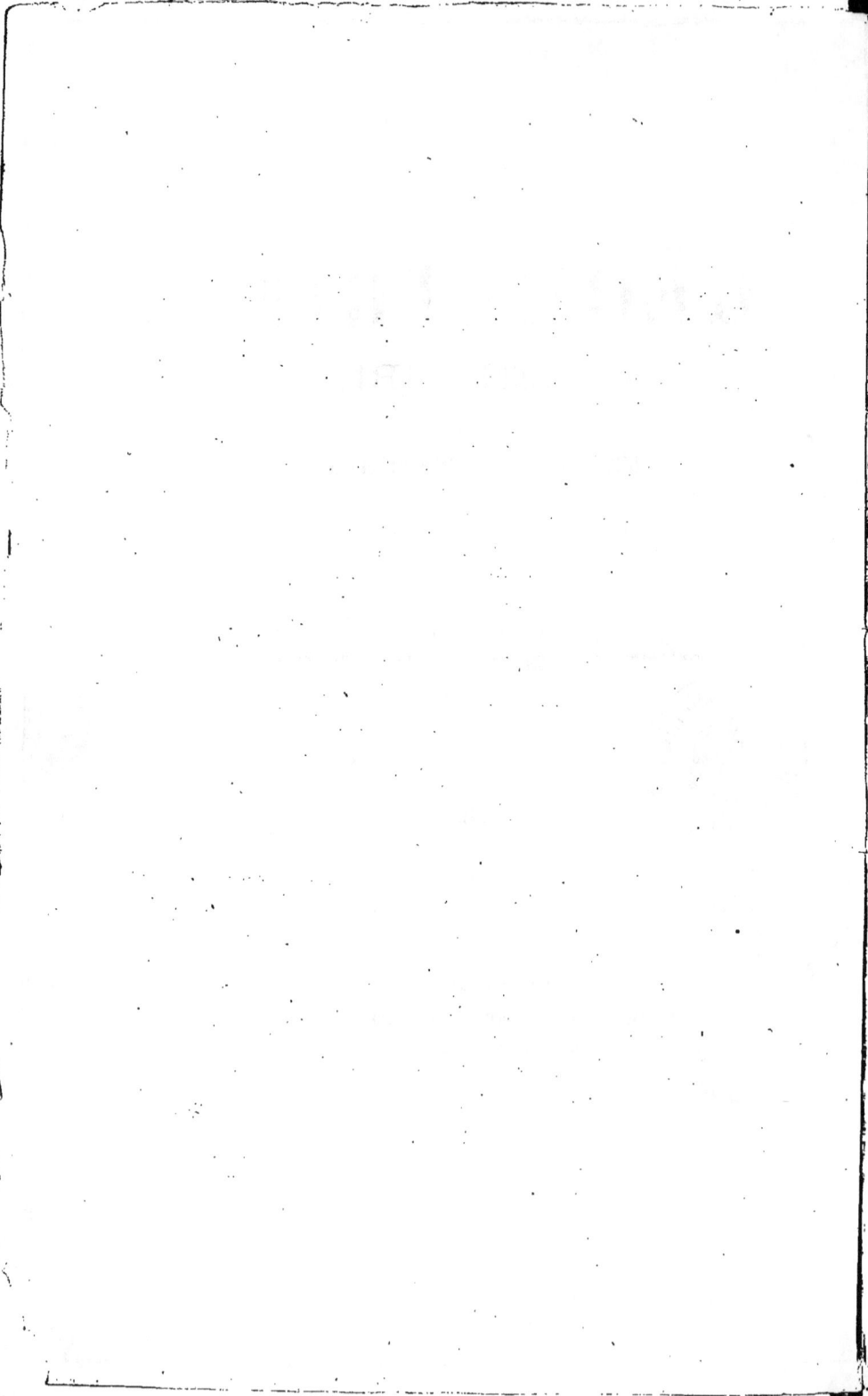

TRAITÉ

DE

GÉOMÉTRIE ÉLÉMENTAIRE.

∽⌒∾⌒∾

LIVRE PREMIER.

———

PREMIÈRE LEÇON.

Préliminaires et définitions.

1. On appelle *solide* ou *corps*, tout objet matériel terminé de toutes parts.

Tout corps a les trois dimensions de l'*étendue* : *longueur*, *largeur* et *épaisseur* [1].

2. On appelle *surface*, la partie extérieure d'un corps, ou

---

[1] *N. B.* Les idées d'espace, de temps et d'étendue étant des idées primitives, on ne peut donner de définition rigoureuse. Les dimensions de l'étendue sont les divers aspects sous lesquels on peut l'envisager.

en d'autres termes, la partie d'un corps qu'on peut voir et toucher.

Une surface est donc sans épaisseur; elle n'a que deux des dimensions de l'étendue.

3. On appelle *ligne*, l'intersection de deux surfaces.

Une ligne n'a qu'une seule dimension : la longueur.

4. On appelle *point*, l'intersection de deux lignes, ou l'extrémité d'une ligne, dans le cas où elle se termine.

Le point n'a donc pas d'étendue.

5. La *Géométrie* a pour objet l'étude des propriétés des lignes, des surfaces et des corps.

Elle donne, par suite, les moyens de mesurer ces grandeurs, qui prennent le nom commun de *figures* [1].

6. D'un point à un autre, on peut mener une infinité de lignes.

7. La *ligne droite* est le plus court chemin d'un point à un autre.

Chacun se forme une idée nette de la ligne droite. Aussi, nous regarderons comme inhérent à la nature de cette ligne que : *D'un point à un autre on ne peut mener qu'une seule ligne droite*, et que *deux lignes droites, qui ont deux points communs se confondent dans toute leur étendue.*

Mesurer la distance de deux points, ou la longueur d'une droite, c'est évaluer cette droite au moyen d'une autre prise pour unité.

8. La *ligne brisée* est une ligne composée de plusieurs lignes droites.

9. La *ligne courbe* est une ligne qui n'est ni droite, ni composée de lignes droites.

10. On appelle *plan*, une surface indéfinie sur laquelle

[1] Les abréviations Pl. IV, fig. 5, signifient *planche* IV, *figure* 5. Les élèves devront avoir sous les yeux la figure correspondante à chaque théorème.

une ligne droite s'applique exactement, dès qu'elle y a deux points.

11. Une figure est dite *plane*, lorsqu'elle a tous ses points dans le même plan.

12. Le *périmètre* ou *contour* de cette figure, est la ligne qui la sépare des autres parties du plan.

Toutes les figures que nous considérerons, dans les quatre premiers livres de ce cours, seront supposées planes.

13. On appelle *surface courbe*, une surface qui n'est ni plane, ni composée de surfaces planes.

14. On appelle *figures égales*, les figures qui, placées l'une sur l'autre, coïncident, c'est-à-dire se confondent dans toute leur étendue.

15. On appelle *figures équivalentes*, les figures qui ont la même étendue, mais qui ne peuvent pas coïncider.

16. On appelle *lieu géométrique*, une ligne ou une surface considérée comme composée de points, jouissant tous d'une propriété commune exclusivement à tous autres points.

Axiomes.

17. Un *axiome* est un principe évident par lui même. Nous nous appuierons sur les axiomes suivants :

18. Le tout est plus grand que la partie.

19. Toute ligne qui a ses extrémités placées de deux côtés différents d'une ligne droite indéfinie, située dans son plan ou des deux côtés d'un plan indéfini, rencontre nécessairement en un point la ligne droite ou le plan.

20. Une surface plane est moindre qu'une surface courbe qui se termine au même contour.

21. Deux quantités égales à une troisième sont égales entre elles.

22. Quand deux quantités sont égales, elles le sont encore

après les avoir augmentées ou diminuées de la même quantité.

23. Nous regarderons comme démontré que *trois points non en ligne droite déterminent la position d'un plan,* ou en d'autres termes, *par trois points non en ligne droite, on peut faire passer un plan, mais rien qu'un seul.*

Nous démontrerons cette proposition, en commençant la Géométrie de l'espace.

24. On nomme *angle* la portion illimitée de plan comprise entre deux droites qui se coupent. Ces droites sont les *côtés* de l'angle et leur point de rencontre en est le *sommet.* L'angle se désigne par la lettre du sommet quand il ne peut y avoir confusion, ou par trois lettres dont celle du milieu est la lettre du sommet et les deux autres une lettre placée sur chacun des côtés.

25. Bien que l'angle soit une quantité infiniment grande, on conçoit très bien qu'il y en a de diverses grandeurs, car si on imagine (Pl. I, fig. 4) sur la ligne AB une droite, couchée en O dans la direction OA, que l'on fasse tourner cette droite autour du point O, et que l'on considère deux positions OD, OE de cette droite mobile, ces deux positions feront avec OA deux angles EOA, DOA, qui différeront de l'espace compris entre les positions OD et OE.

La ligne mobile, tournant autour de OA, à mesure qu'elle s'éloigne de la partie OA, se rapproche de la partie OB : il y aura donc une position où elle sera aussi éloignée de OA que de OB, et dans cette position elle fera avec AB deux angles égaux : Elle sera dite alors *perpendiculaire* à AB, et les angles KOB, KOA seront appellés *droits.* Cette position est évidemment unique.

Il en résulte que *par un point O, pris sur une droite* AB, *on peut toujours élever une perpendiculaire, et on ne peut en élever qu'une* (Pl. I, fig. 4).

26. Il suit de là, que si CD est perpendiculaire à AB, et que C'D' soit (Pl. I, fig. 2) perpendiculaire à A'B', les angles droits formés au point D sont égaux aux angles droits formés en D', ou plus généralement que *tous les angles droits sont égaux entre eux.*

Car, si on transporte la seconde figure sur la première, en fesant coïncider, A'B' avec AB, et le point D' avec le point D, les lignes CD, C'D', coïncideront comme perpendiculaires à la même ligne, au même point.

27. On appelle *angle aigu*, un angle moindre qu'un angle droit.

28. On appelle *angle obtus*, un angle plus grand qu'un angle droit.

DEUXIÈME LEÇON.

Définitions.

1. On appelle *oblique* à une droite, toute droite qni rencontre la première sans lui être perpendiculaire. Ainsi, OE et OD sont obliques à AB (Pl. I, fig. 1).

2. Deux angles sont dits *complémentaires* ou *supplémentaires*, selon que leur somme forme un où deux angles droits.

3. Deux angles sont *adjacents* lorsqu'ils ont le même sommet, un côté commun et qu'ils sont placés de part et d'autre de ce côté. Ainsi les angles BOE, AOE (Pl. I, fig. 1).

THÉORÈME I.

Toute ligne droite qui en rencontre une autre, forme avec cette autre deux angles adjacents supplémentaires (Pl. 1, fig. 3).

Soit AB, une droite qui en rencontre une autre CD; je dis que les deux angles adjacents BAC et BAD sont supplémentaires. Si AB était perpendiculaire à CD, le théorème serait évident, puisque chacun des angles serait droit.

Dans le cas contraire, élevons au point A la perpendiculaire AE à la ligne CD, nous aurons

$$CAE+EAD=CAE+EAB+BAD=CAB+BAD.$$

Mais $CAE+EAD=2$ angles droits,

donc $CAB+BAD=2$ angles droits.

THÉORÈME II.

Réciproquement, si deux angles adjacents sont supplémentaires, leurs côtés extérieurs seront en ligne droite (Pl. I, fig. 3).

Soit BAC et BAD, deux angles adjacents supplémentaires; je dis que AC et AD sont en ligne droite.

D'après la proposition précédente, le prolongement de AC fait avec AB un angle supplémentaire de BAC, et, par conséquent, égal à BAD; donc ce prolongement doit être précisément la droite AD.

REMARQUE. — Quand une droite est oblique à une autre, les angles adjacents étant supplémentaires, le plus petit est aigu et le grand est obtus.

THÉORÈME III.

Lorsque plusieurs droites partent d'un même point, la somme des angles consécutifs formés d'un même côté de l'une d'elles, est égale à deux angles droits (Pl. I, fig. 4).

Soit AOC, COL, LOH, HOB, divers angles consécutifs

formés par plusieurs droites partant d'un même point A, et d'un même côté de l'une d'elles AB.

La somme de ces angles étant égale à celle des deux angles adjacents AOH, BOH, dont les côtés extérieurs sont en ligne droite, vaut, en vertu du théorème 1, deux angles droits.

COROLLAIRE. — *Quand plusieurs droites partent d'un même point, la somme des angles consécutifs vaut quatre angles droits* (Pl. I, fig. 4).

Soit COK, COL, LOH, HOD, DOK les angles consécutifs formés par plusieurs droites partant du même point O; je dis que leur somme est égale à quatre angles droits.

Menons par le point O la droite arbitraire AOB. La somme des angles successifs formés d'un côté et de l'autre de cette ligne est égale à la somme des angles considérés, et comme chaque somme est égale à deux droits, on en conclut la propriété énoncée.

THÉORÈME IV.

Deux angles opposés par le sommet sont égaux (Pl. I, fig. 1).

Soit les deux angles BOC, DOA, dont les côtés sont les prolongements les uns des autres, je dis qu'ils sont égaux.

En effet, BOD étant une ligne droite, l'angle COD est le supplément de BOC; mais la ligne COE étant une ligne droite, l'angle COD est aussi le supplément de DOA : donc les angles BOC, DOA sont égaux comme suppléments du même angle COD.

COROLLAIRE. — *Quand une droite est perpendiculaire à une autre, le prolongement de la première est perpendiculaire à la seconde et réciproquement* (Pl. I, fig. 6).

Soit DO perpendiculaire à AB, et soit CO et BO les prolongements de ces lignes; de ce que DO est perpendiculaire à AB, les angles AOD, BOD sont égaux. Mais COB et

AOC leur sont respectivement égaux comme opposés au sommet, donc AOC=BOC et la droite OC est par suite perpendiculaire à AB, et puisque les quatre angles formés autour du point O sont tous égaux entre eux, la droite AB est aussi perpendiculaire à CD.

C'est pour cette raison que lorsqu'une droite est perpendiculaire à une autre, on dit que ces deux droites sont *perpendiculaires entre elles.*

TROISIÈME ET QUATRIÈME LEÇONS.

Définitions.

1. On appelle *polygone* une portion du plan terminée de toutes parts par des lignes droites.

Ces lignes sont dites les *côtés* du polygone, leurs points de rencontre en sont les *sommets* et les angles qu'elles forment entre elles, sont dits les *angles* du polygone.

Il y a dans un polygone autant d'angles et de sommets qu'il y a de côtés.

L'ensemble des côtés du polygone se nomme *périmètre*, et la portion de plan limitée par le périmètre se nomme la *surface* du polygone.

Deux droites qui se coupent, formant un espace indéfini, appelé angle, il faudra, pour limiter cet espace, couper les côtés au moins par une autre ligne droite.

Donc le plus simple de tous les polygones est celui de trois côtés appellé *triangle.*

Le polygone de quatre côtés se nomme *quadrilatère*, celui de cinq *pentagone*, celui de six *hexagone*, etc.

2. Un triangle est *équilatéral* ou *équiangle*, quand ses côtés ou ses angles sont égaux entre eux. Il sera démontré qu'un triangle *équilatéral* est en même temps *équiangle*, et réciproquement.

3. Un triangle est *isoscèle* quand deux de ses côtés sont égaux.

4. Un triangle est *scalène* quand ses côtés sont inégaux.

5. Un triangle est *rectangle* quand un de ses angles est droit. Le côté opposé à l'angle droit se nomme *hypoténuse*.

6. On appelle *diagonale* d'un polygone, toute ligne droite qui joint deux sommets non-successifs dans ce polygone (Pl. I, fig. 10). Un triangle n'a donc pas de diagonale.

7. Il résulte des définitions de la ligne droite et du polygone, que dans tout polygone un côté quelconque est moindre que la somme des autres.

Car en suivant le contour on peut aller d'un sommet au sommet voisin, en suivant la ligne droite ou la ligne brisée, et la ligne droite est le plus court chemin d'un point à un autre.

THÉORÈME I.

Deux triangles sont égaux quand ils ont un angle égal compris entre deux côtés égaux chacun à chacun (Pl. I, fig. 7).

Soit les deux triangles ABC, DEF, dans lesquels l'angle A est égal à l'angle D et les côtés AB, AC, respectivement égaux aux côtés DE, DF : je dis que ces triangles peuvent coïncider.

Je place le côté DE sur son égal AB, de sorte que le point D tombe en A et le point E en B et qu'en outre le côté DF prenne la direction AC, ce qui est possible, car les angles A et D sont supposés égaux. Alors le point F tombera en C puisque DF égale AC et les côtés EF et BC coïncideront puisqu'ils auront leurs extrémités communes.

Donc les deux triangles sont égaux.

Corollaire. — Puisque ces triangles coïncident dans toutes leurs parties, il en résulte que si les trois parties supposées sont égales, savoir : A=D, AB=DE, AC=DF, les trois autres le sont savoir : B=E, C=F, BC=EF.

THÉORÈME 11.

Deux triangles sont égaux quand ils ont un côté égal adjacent à deux angles égaux chacun à chacun (Pl. I, fig. 7).

Soit les deux triangles ABC, DEF dans lesquels le côté BC égale le côté EF, l'angle B égale l'angle E, l'angle C égale l'angle F.

Je dis que les deux triangles peuvent coïncider.

Je place le côté EF sur son égal BC, de sorte que le point E tombe en B et le point F en C et que de plus, le côté ED prenne la direction BA en même temps que le côté DF prenne la direction CA, ce qui sera possible, vu l'égalité supposée des angles B et E, C et F. Alors le point D du côté ED tombera sur l'un des points du côté BA et ce même point D, considéré comme appartenant au côté DF, tombera sur l'un des points du côté AC : comme il doit se trouver à la fois sur les deux côtés AB et AC, il tombera sur leur intersection au point A. Donc les deux triangles ABC, DEF sont égaux.

Corollaire. — Puisque ces triangles coïncident dans toutes leurs parties, il en résulte que si les trois parties supposées sont égales, savoir B=E, C=F, BC=EF, les trois autres le seront, savoir : A=D, AB=DE, AC=DF.

THÉORÈME III.

Si deux triangles ont deux côtés égaux, chacun à chacun, mais que l'angle compris par les côtés du premier, soit plus grand que l'angle compris par les côtés du second, le troisième côté du premier triangle sera plus grand que le troisième côté du côté du second (Pl. I, fig. 8).

Soit les deux triangles ABC, DEF dans lesquels nous supposerons les côtés AC et DE égaux entre eux, ainsi que les côtés BC et DF, mais l'angle D plus grand que l'angle C. Je dis que le côté EF opposé au plus grand angle D sera plus grand que le côté AB opposé au plus petit angle C.

D'abord, puisque l'angle D est plus grand que l'angle C, je puis, au point D avec DE, faire dans l'intérieur de l'angle EDF, un angle EDH égal à l'angle C, prendre DH égal à BC, et joindre EH. Alors les deux triangles EDH, ABC seront égaux comme ayant un angle égal compris entre côtés égaux, et EH sera égal à AB.

Divisons en deux parties égales par la ligne DI l'angle HDF, différence des angles EDF, EDH, et joignons HI : les deux triangles HDI, FDI sont égaux comme ayant un angle égal compris entre côtés égaux, savoir :

Les angles HDI, FDI égaux par construction; le côté DI commun et les côtés DH, DF égaux tous deux à BC par hypothèse. On en concluera que IH = IF. Mais dans le triangle EIH on a EH < EI + IH ou EH < EI + IF, c'est-à-dire EH < EF et par conséquent AB < EF.

THÉORÈME IV.

Réciproquement, si deux triangles ont deux côtés égaux chacun à chacun, et que les troisièmes côtés soient inégaux,

*les angles opposés à ces côtés seront inégaux et le plus grand
sera celui qui est opposé au plus grand côté* (Pl. I, fig. 8).

Soit les deux triangles ABC, DEF dans lesquels AC=DE,
BC=DF et AB moindre que EF, je dis que l'angle D sera
plus grand que l'angle C. Car s'ils étaient égaux, les deux
triangles auraient un angle égal compris entre côtés égaux, et
par suite les côtés AB, EF seraient égaux, ce qui est contraire à l'hypothèse.

Et si l'angle D était moindre que l'angle C, en vertu de la
proposition précédente, le côté EF serait moindre que le
côté CB, ce qui est contraire à l'hypothèse.

L'angle D ne pouvant être moindre que l'angle D, ni
même lui être égal, est nécessairement plus grand.

THÉORÈME VI.

*Deux triangles sont égaux quand ils ont les trois côtés égaux
chacun à chacun* (Pl. I, fig. 7).

Soit les deux triangles ABC, DEF, dans lesquels AB, AC,
BC sont égaux respectivement à DE, DF, EF : je dis que
l'angle A sera égal à l'angle D ; car si ces angles étaient
inégaux, l'un d'eux serait plus grand que l'autre, et alors les
deux triangles ayant deux côtés égaux sous un angle
inégal, les troisièmes côtés seraient inégaux (théorème 3),
ce qui est contraire à l'hypothèse. Donc les angles A et D
sont égaux et les deux triangles (théorème 1) sont égaux.

Corollaire. — Puisque ces triangles coïncident dans
toutes leurs parties, il en résulte que si les trois parties
supposées sont égales, savoir :

$$AB=DE, AC=DF, BC=EF,$$

les trois autres le seront, savoir : A=D, B=E, C=F.

THÉORÈME V.

Dans tout triangle, un côté quelconque est plus grand que la différence des deux autres (Pl. I, fig. 8).

Soit ABC un triangle scalène dont les côtés, rangés par ordre de grandeur, sont AC, BC, AB.

Il est évident que si AC est le plus grand côté, il sera à plus forte raison moindre que la différence des deux autres. Il n'y a donc lieu à démonstration que pour les deux autres côtés. Or, on sait (nº 7) que $AC < BC + AB$. D'où il résulte, en retranchant de part et d'autre soit AB, soit BC :

$$AC - AB < BC \text{ et } AC - BC < AB.$$

REMARQUE. — Si le triangle était équilatéral ou isoscèle, le théorème serait évident.

THÉORÈME VI.

Si on joint un point pris dans l'intérieur d'un triangle, aux extrémités d'un côté, la somme de ces lignes sera moindre que la somme des deux autres côtés (Pl. I, fig. 12).

Soit O un point pris dans l'intérieur du triangle ABC. Joignons OA et OC, la somme $OA + OC$ sera moindre que $BA + AC$.

Prolongeons OA jusqu'à sa rencontre en I avec le côté BC.

Dans le triangle ABI on aura $AI < AB + BI$, et ajoutant IC de part et d'autre, il en résultera $AI + IC < AB + BC$.

C'est-à-dire que *lorsque le point est pris sur l'un des côtés, le théorème est démontré.* Donc aussi $AO + OC$ est moindre que $AI + IC$, et à plus forte raison moindre que $AB + BC$.

2

CINQUIÈME LEÇON.

THÉORÈME I.

Dans tout triangle isoscèle, aux côtés égaux sont opposés des angles égaux (Pl. I, fig. 11).

Soit ABC un triangle où AB=AC et soit fait un second triangle DEF égal au précédent en faisant DE = AB, DF = AC et l'angle D égal à l'angle A.

Il résulte de ces hypothèses que les quatre lignes AB, AC, DE, DF sont égales entre elles.

Ces deux triangles ayant un angle égal compris entre deux côtés égaux pourront coïncider, soit en portant DE sur AB, soit en retournant le triangle DEF et portant DF sur AB. Dans le premier cas, l'angle E s'applique sur l'angle B. Dans le second cas l'angle E s'applique sur l'angle C; donc les angles B et C sont égaux entre eux.

THÉORÈME II.

Réciproquement, si dans un triangle deux angles sont égaux entr'eux, les côtés opposés seront aussi égaux, et le triangle sera isoscèle (Pl. I, fig. 11).

Soit ABC un triangle où les angles B et C sont égaux, je dis que AB = AC.

Soit construit un second triangle DEF avec un côté EF=BC et les angles E, F égaux aux angles B et C.

Il résulte de ces hypothèses que les quatre angles B, C, E, F sont égaux entr'eux.

Les deux triangles seront égaux comme ayant un côté égal adjacent à deux angles égaux. On pourra les faire coïncider, soit en portant EF sur BC, de sorte que le point E tombe en B, soit en retournant le triangle et mettant le point E en C. Alors le côté DE coïncidera successivement avec les côtés AB, AC : donc ces côtés sont égaux.

REMARQUE. — Le point de rencontre des côtés égaux dans un triangle isoscèle se nomme *le sommet* du triangle, et le côté opposé se nomme *la base.*

THÉORÈME III.

Dans tout triangle isoscèle, la ligne qui joint le sommet au milieu de la base est perpendiculaire à cette base et est bissectrice de l'angle au sommet (Pl. I, fig. 9).

Sot BAC un triangle isoscèle ou AB = AC et soit AD la ligne qui joint le sommet A au milieu de BC. Les deux triangles BAD, CAD sont égaux comme ayant les trois côtés égaux chacun à chacun, savoir AD commun, BD=DC et AD = AC par hypothèse.

Donc les angles en A et en D sont égaux, ce qui démontre le théorème énoncé.

REMARQUE. — Les réciproques sont également vraies.

Définition.

8. On appelle *angle extérieur* à un triangle, l'angle formé par un des côtés et le prolongement d'un autre.

THÉORÈME IV.

Tout angle extérieur à un triangle est plus grand que chaque intérieur non adjacent (P. I, fig. 13).

Soit ACD un angle extérieur au triangle ABC, je dis qu'il est plus grand que l'angle A.

Joignons le point B au point I, milieu de AC, et prolongeons BI d'une quantité IK = BI. Si on tire KC, les deux triangles ABI, KIC sont égaux comme ayant un angle égal compris entre côtés égaux, savoir : les angles en I comme opposés au sommet, les côtés AI et IC, BI et IK égaux par construction. L'angle ICK sera égal à l'angle A, et comme il est moindre que ACD on voit que l'angle extérieur est plus grand que l'angle A.

Si on prolonge AC en R, on observera que l'angle BCR est égal à l'angle extérieur ACD ; joignant le point A au point O, milieu de BC, prolongeant AO d'une quantité OL égale à AO et joignant LC, les deux triangles ABO, COL seront égaux comme ayant aussi un angle égal compris entre côtés égaux. Donc l'angle ABC est égal à OCL, et par suite, moindre que BCR ou ACD, ce qu'il fallait démontrer.

THÉORÈME V.

Dans un triangle, à un plus grand angle est opposé un plus grand côté (Pl. 1, fig. 14).

Soit l'angle B plus grand que l'angle C, dans le triangle ABC. Je dis que le côté AC est plus grand que le côté BA. Au point B menons une ligne BD qui fasse avec BC un angle DBC égal à DCB, le triangle BDC sera isoscèle et le côté BD égal à DC. Mais dans le triangle BAD on a

$$BA < BD + DA.$$

Mettant DC au lieu de BD, on aura BA < AD + DC ou BA < AC.

Réciproquement, dans un triangle à un plus grand côté est opposé un plus grand angle (Pl. I, fig. 15).

Soit dans le triangle BAC le côté AC plus grand que BA, je dis que l'angle B sera plus grand que C.

Prenons sur AC une quantité AD = BA. Le triangle BAD sera isoscèle et les angles ABD, ADB égaux entre eux.

Mais l'angle BDA extérieur au triangle BDC est plus grand que C. Donc l'angle ABD et *à fortiori* ABC est plus grand que l'angle C.

SIXIÈME LEÇON.

THÉORÈME I.

D'un point pris hors d'une droite, on peut toujours abaisser une perpendiculaire à cette droite, mais rien qu'une (Pl. I, fig. 16).

Soit le point A, pris hors de la droite CL. On peut toujours mener une droite à volonté AC et imaginer qu'on fasse tourner la partie supérieure du plan autour de CL pour la rabattre sur la partie inférieure. Dans ce mouvement, la ligne AC ne cessera pas de faire avec CL le même angle et se rabattra sur 'une droite CB, faisant avec CL l'angle BCL égal à LCA. Prenons sur cette droite la distance CB = CA et joignons AB. Cette ligne sera perpendiculaire à CL. Car les deux triangles ACD, BCD ont un angle égal par construction, compris entre côtés égaux, savoir AC = CB par hypothèse, et CD commun. Donc les angles en D sont égaux, et par suite droits.

Cette perpendiculaire est unique. Car si on mène une autre droite AI dans le triangle ADI, l'angle extérieur ADC étant droit et plus grand que chaque intérieur non-adjacent, il en résulte que l'angle AID est aigu et que toute ligne différente de AB n'est pas perpendiculaire.

CorollAIRE 1. — De ce que l'angle extérieur droit ADC est plus grand que chaque intérieur non-adjacent, il résulte que dans un triangle, il ne peut y avoir qu'un angle droit et que les deux autres sont aigus.

CorollAIRE 2. — Si d'un point de l'oblique AI on abaisse une perpendiculaire sur CL, son point de rencontre avec CL qu'on nomme son *pied*, sera du côté de l'angle aigu. Car sans cela il y aurait, dans un triangle, un angle droit et un angle obtus.

THÉORÈME II.

La perpendiculaire menée d'un point à une droite, est plus courte que toute oblique menée du même point (Pl. I, fig. 16).

Soit AB perpendiculaire à CD. Je dis qu'elle est plus courte que AI.

Dans le triangle ADI, l'angle AID étant aigu et l'angle ADI étant droit, le côté opposé à l'angle droit est plus grand que le côté opposé à l'angle aigu (Leç. 5, th. 5).

REMARQUE. — La perpendiculaire étant la plus courte ligne qu'on puisse mener d'un point à une droite sert de mesure à la distance d'un point à une droite.

Ainsi, quand on dit qu'un point est éloigné d'une droite de 50 mètres, on doit entendre que la plus courte distance de ce point à la droite, est de 50 mètres.

THÉORÈME III.

Deux obliques menées d'un même point à une droite sont égales quand elles s'écartent également du pied de la perpendiculaire (Pl. I, fig. 16).

Soit AB perpendiculaire à CD, AC et AI, deux obliques telles que CD=DI. Je dis que AC = AI; car les triangles ACD, ADI ont les angles en D égaux comme droits, les côtés CD, DI égaux par hypothèse, et AD commun.

Donc le côté AC = AI.

THÉORÈME IV.

De deux obliques qui s'écartent inégalement du pied de la perpendiculaire la plus longue est celle qui s'écarte le plus.

Soit AB perpendiculaire à CD, AL et AI deux obliques telles que DL > DI. Je dis que AL > AI. L'angle AID étant aigu, l'angle AIL est obtus, mais l'angle ALD appartenant au triangle rectangle ADL est aigu. Donc le côté AL opposé à l'angle obtus est plus grand que AI opposé à l'angle aigu.

CoROLLAIRE. — Il résulte de ce que l'angle AID est aigu et extérieur au triangle AIL où il y a un angle obtus, que dans un triangle où il y a un angle obtus, les deux autres sont nécessairement aigus.

Si les obliques considérées n'étaient pas du même côté de la perpendiculaire, il suffirait de mener, de l'un des côtés, une oblique égale à celle qui serait située de l'autre côté, et l'on retomberait dans le cas déjà démontré.

REMARQUE. — Les réciproques des trois théorèmes précédents sont vraies.

THÉORÈME V.

La perpendiculaire élevée sur le milieu d'une droite est le lieu géométrique des points équidistants des extrémités de la droite (Pl. 1, fig. 17).

Soit BD perpendiculaire au milieu B de la droite AC. Je dis que tout point D de cette perpendiculaire est également distant des points A et C. Car les lignes DA, DC sont des obliques égales comme s'écartant également, par hypothèse, du pied de la perpendiculaire.

Soit maintenant un point L non situé sur la perpendiculaire BD et joignons LA, LC. La ligne LA coupe BD en I, joignons IC. Le triangle LIC donne LC < LI + IC ; remplaçant IC par son égal IA, on aura LC < LA.

*Deux triangles rectangles sont égaux quand ils ont :
1° l'hypoténuse égale et un angle aigu égal ; 2° l'hypoténuse
égale et un côté égal.*

1° Soit les deux triangles CAB, FDE rectangles en B et
en E. Soit AC=DF et l'angle A=D.

Je transporte le triangle CAB sur FDE, de sorte que le
point C tombe en F et le point A en D. L'angle A étant
égal à l'angle D, le côté BA prendra la direction ED et le
côté CB perpendiculaire à BA prendra la direction de la
perpendiculaire à DE, menée par le point F, c'est-à-dire la
direction FE : donc le point B tombera en E et les deux
triangles coïncideront.

2° Soit maintenant BC=EF et AC=DF. Je transporte
CAB sur FDE, de sorte que les angles droits coïncident ; le
point C tombera en F, car BC=EF, par hypothèse. Les
hypoténuses étant alors des obliques égales, aussi par hypothèse, devront s'écarter également du pied de la perpendiculaire, c'est-à-dire que le point D devra tomber en A, et
les deux triangles coïncideront.

SEPTIÈME ET HUITIÈME LEÇONS.

Deux lignes droites sont *parallèles*, quand, situées dans
un même plan, elles ne peuvent jamais se rencontrer.

Lorsque deux parallèles ou deux droites quelconques sont coupées par une troisième, celle-ci prend le nom de *transversale* ou plus souvent de *sécante*.

THÉORÈME I.

Deux droites perpendiculaires à une troisième sont parallèles.
Car si elles se rencontraient, on pourrait, de leur point de rencontre, mener deux perpendiculaires à une même droite; ce qui a été démontré impossible.

THÉORÈME II.

Par un point pris hors d'une droite on peut toujours mener une parallèle à cette droite, mais on n'en peut mener qu'une. (Pl. I, fig. 21.)

Soit un point B pris hors de la droite CD; on peut mener de ce point une perpendiculaire unique sur CD (Leç. 6, th. 1), et par le point B on peut toujours élever à BC une perpendiculaire unique BA (Leç. 1, n° 25).

Or, BA et DC étant perpendiculaires à BC, sont parallèles en vertu du théorème précédent.

Toute autre droite menée par le point B serait oblique à BC, et nous regarderons comme évidente cette proposition connue sous le nom de *Postulatum d'Euclide*, savoir :

Si deux droites sont, l'une perpendiculaire et l'autre oblique par rapport à une troisième, l'oblique suffisamment prolongée rencontrera la perpendiculaire.

COROLLAIRE 1. — Une droite qui en rencontre une autre, rencontre toutes les parallèles à cette autre.

COROLLAIRE 2. — Quand deux droites sont parallèles, toute perpendiculaire à l'une l'est à l'autre.

27

Quand deux parallèles sont coupées par une sécante, les quatre angles aigus et les quatre angles obtus ainsi formés, sont égaux entr'eux (Pl. 1, fig. 18).

Soit les deux parallèles AB, HK, coupées par la sécante CDIL. Prenons le point O, milieu de la portion de sécante comprise entre les deux parallèles, et de ce point menons OP perpendiculaire sur AB. Cette ligne sera aussi perpendiculaire à HK.

Les deux triangles rectangles ROI, POD, ont l'hypoténuse égale par construction, et les angles en O égaux comme opposés par le sommet; donc ils sont égaux et les angles aigus HID, IDB sont égaux. Puisque les angles LIK, ADC leur sont égaux comme opposés au sommet, il en résulte que les quatre angles aigus sont égaux entr'eux.

Les angles obtus, étant les suppléments des angles aigus qui leur sont adjacents, sont donc aussi égaux entr'eux.

Ces angles ont reçu des dénominations particulières :

1° Les angles tels que HID, IDB sont dits *alternes-internes*.

2° Les angles tels que LIK, IDB sont dits *correspondants*.

3° Les angles tels que LIK, ADC sont dits *alternes-externes*·

4° Les angles tels que HID, ADI sont dits *intérieurs*.

Remarquons que l'angle HID est le supplément de son adjacent DIK et comme DIK = ADI, il en résulte que les angles intérieurs sont supplémentaires ; donc on pourrait dire aussi :

Quand deux parallèles sont coupées par une sécante ;

1° *Les angles alternes-internes sont égaux ;*

2° *Les angles correspondants sont égaux ;*

3° *Les angles alternes-externes sont égaux ;*

4° *Les angles intérieurs sont supplémentaires.*

28

THÉORÈME IV.

Réciproquement, quand deux droites coupées par une sécante sont telles que les angles alternes-internes, correspondants, alternes-externes soient égaux ou que les angles intérieurs soient supplémentaires, ces lignes sont parallèles entre elles (Pl. I, fig. 18).

Supposons que les angles alternes-internes HID, BDI soient égaux; je dis que les droites AB, HK sont parallèles.

La parallèle à AB, menée par le point I, doit former avec CL un angle égal à BDI, en vertu de la proposition précédente. Cet angle doit donc être le même que HID. Donc cette parallèle est précisément la droite IH.

Quand les angles correspondants ou alternes-externes sont égaux, les angles alternes-internes le sont aussi, puisqu'ils sont opposés aux autres par le sommet, et par conséquent les lignes sont parallèles.

Supposer que les angles intérieurs valent deux droits, c'est supposer que l'un des angles intérieurs est égal au supplément de l'autre, et par suite à l'angle adjacent. Donc si les angles intérieurs sont supplémentaires, les angles alternes-internes sont égaux, et les lignes sont parallèles.

THÉORÈME V.

Deux droites parallèles à une troisième, sont parallèles entr'elles (Pl. I, fig. 22).

Soit AB et CD parallèles à EF; je dis que ces droites sont parallèles entr'elles.

Coupons ces droites par une sécante quelconque NH.

Les droites AB, EF étant parallèles, les angles ALI, LIF, sont égaux : de même CD, EF étant parallèles, les angles CKI, KIF sont égaux. Donc les angles CKI, ALI sont égaux, et en vertu de la réciproque précédente, les lignes AB, CD doivent être parallèles.

THÉORÈME VI.

Deux parallèles sont partout équidistantes (Pl. I, fig. 19).

Cet énoncé signifie que si AB et CD sont parallèles, la distance d'un point de la première à la seconde est la même, quel que soit le point considéré.

Il suffit donc de prouver que les perpendiculaires menées de deux points A et B de la première sur la seconde sont égales. Soit AC, BD, ces deux perpendiculaires et joignons BC. Les deux triangles ABC, BCD sont égaux, comme ayant un côté commun BC, adjacent à deux angles égaux chacun à chacun : car les angles ABC, BCA sont respectivement égaux à BCD, DBC, comme alternes-internes. D'où l'on déduit l'égalité des côtés AC, BD.

REMARQUE. — La démonstration précédente étant indépendante de l'hypothèse que les lignes AC, BD sont des perpendiculaires aux deux parallèles, on peut conclure que deux parallèles quelconques comprises entre deux autres parallèles sont égales.

NEUVIÈME LEÇON.

THÉORÈME I.

Deux angles qui ont les côtés parallèles sont égaux ou supplémentaires (Pl. I, fig. 23).

1° Soit EFH, BAC deux angles dont les côtés sont parallèles et dirigés dans le même sens ; je dis qu'ils sont égaux. Prolongeons EF jusqu'à sa rencontre avec AC au point D ; les angles BAC, EDC seront égaux comme correspondants à cause des parallèles AB, DE, coupées par la sécante AC. De même les angles EFH, EDC seront égaux, comme correspondants, à cause des parallèles FH, DC, coupées par la sécante ED. Donc les angles BAC, EFH seront égaux.

2° Soit les angles PAR, EFH qui ont les côtés parallèles et dirigés en sens inverse, je dis qu'ils sont égaux. Prolongeons RA jusqu'à sa rencontre avec FE prolongé en D. L'angle PAR sera égal à IDA comme correspondant ; et l'angle IDA sera égal à EFH comme alternes-externes.

3° Soit les angles BAR, EFH qui ont les côtés parallèles, mais non dirigés tous deux dans le même sens. Je dis qu'ils sont supplémentaires, car l'angle BAR a pour supplément BAC, et celui-ci a ses côtés dirigés dans le même sens que EFH. Le théorème est donc démontré.

THÉORÈME II.

Deux angles qui ont leurs côtés perpendiculaires sont égaux ou supplémentaires (Pl. I, fig. 24).

1° Soit les deux angles LAI, DEF, dont les côtés LA et DE, AI et EF sont respectivement perpendiculaires. Au point A, je mène les lignes AB, AC, respectivement perpendiculaires à AL et AI; elles seront par conséquent parallèles à DE et EF, et les angles BAC, DEF, seront égaux ou supplémentaires en vertu de la proposition précédente.

Or, si l'angle LAI est aigu, il sera égal à BAC. Car les angles BAL, CAI sont égaux comme droits, et en les diminuant de CAL, les restes sont égaux.

2° La figure précédente suppose que les deux angles considérés sont aigus. Si l'un d'eux est obtus (Pl. 2, fig. 4), comme l'angle DBC, et l'autre aigu comme LBI et que leurs côtés DB et BL, BI et BC soient respectivement perpendiculaires; prolongeons BC vers A, les angles DBA, IBL seront égaux en vertu du cas précédent. Or, DBA est le supplément de DBC; donc les angles DBC, IBL sont supplémentaires.

THÉORÈME III.

Dans tout triangle, l'angle extérieur est égal à la somme des deux intérieurs non-adjacents.

Soit BCI un angle extérieur au triangle ABC et menons par le point C la ligne CD parallèle à AB.

L'angle ABC est égal à BCD comme alternes-internes à cause des parallèles AB, CD, coupées par la sécante BC, et les angles DCI, BAC sont égaux comme correspondants à cause des mêmes parallèles coupées par la sécante AC. Or, les deux angles BCD, DCI, ajoutés, font l'angle extérieur; donc cet angle vaut l'angle A plus B du triangle ABC.

COROLLAIRE. — Les trois angles formés autour du point C valent en somme deux angles droits; or, ces trois angles sont respectivement égaux à chacun des angles du triangle

ABC. Donc, *dans un triangle, la somme des angles vaut deux droits.*

Par suite, les deux angles aigus d'un triangle rectangle sont complémentaires.

THÉORÈME IV.

La somme des angles d'un polygone vaut autant de fois deux droits qu'il y a de côtés moins deux (Pl. I, fig. 10).

Soit ABCDE un polygone quelconque. Je joins le sommet A à tous les autres : j'obtiens ainsi une suite de triangles ayant tous pour bases les côtés successifs du polygone, excepté les deux côtés qui partent de ce sommet. Il y a donc autant de triangles que de côtés moins deux.

Mais la somme des angles de ces triangles constitue la somme des angles du polygone; donc, en vertu du corollaire précédent, la somme des angles du polygone vaut autant de fois deux droits qu'il y a de triangles ou de côtés moins deux.

On pourrait démontrer cette propriété de la manière suivante (Pl. II, fig. 3).

Soit ABCDEF un polygone. Prenons un point dans l'intérieur et joignons ce point O à tous les sommets, nous aurons ainsi autant de triangles que de côtés, et si de la somme des angles de ces triangles on retranche les angles autour du point O, il est aisé de voir qu'on obtient la somme des angles du polygone. Donc la somme des angles est égale à deux angles droits répétés autant de fois qu'il y a de côtés moins deux, puisque la somme des angles en O vaut deux fois deux droits.

REMARQUE. — Si on voulait appliquer cette proposition à un polygone dans lequel il y aurait un ou plusieurs *angles rentrants,* il faudrait considérer chaque angle rentrant comme étant plus grand que deux angles droits. Mais, pour éviter tout embarras, nous ne considérerons ici et dans la suite, que les polygones à *angles saillants,* qu'on peut appeler autrement *polygones convexes.* Tout polygone convexe est tel, qu'une ligne droite, menée comme on voudra, ne peut rencontrer le contour de ce polygone qu'en deux points.

DIXIÈME LEÇON.

Définitions.

1. Un *parallélogramme* est un quadrilatère qui a les côtés opposés parallèles.

2. Si ces côtés sont perpendiculaires entr'eux, le quadrilatère prend le nom de *rectangle.*

3. Si les côtés du *rectangle* sont égaux entr'eux, le quadrilatère prend le nom de *carré.*

4. Si les côtés d'un quadrilatère sont égaux entre eux, mais sans être perpendiculaires, il prendra le nom de *losange.*

THÉORÈME I.

Dans tout parallélogramme, les côtés opposés sont égaux ainsi que les angles opposés, et les diagonales se coupent mutuellement en deux parties égales (Pl. II, fig. 4).

3

Soit le parallélogramme ABCD.

1° Je dis que AB = CD, que AC = BD et que les angles BAC, BDC sont égaux, ainsi que ABD, ACD. Tirons la diagonale BC, les deux triangles BAC, BCD sont égaux ; car ils ont le côté BC commun et les angles ABC, BCD égaux comme alternes-internes, ainsi que les angles ACB, DBC. Donc les côtés AB et CD sont égaux, ainsi que les côtés AC, BD et les angles BAC, BDC. Quant aux angles ACD, ABD, ils sont égaux comme composés d'angles égaux. D'ailleurs leur égalité résulte de la leçon 9, théorème 1.

2° Tirons la diagonale AD et soit O le point de rencontre des deux diagonales, les deux triangles AOB, COD sont égaux, car AB = CD, d'après ce qui précède, et les angles ABO, DCO sont égaux comme alternes-internes, ainsi que les angles BAO, CDO. D'où on conclut que AO = OD et que BO = AC.

THÉORÈME II.

Réciproquement, tout quadrilatère sera un parallélogramme :
1° si les côtés opposés sont égaux ; 2° si deux côtés opposés sont égaux et parallèles ; 3° si les angles opposés sont égaux ; 4° si les diagonales se coupent mutuellement en deux parties égales (Pl. II, fig. 4).

1° Si AB = CD et que AC = BD, en tirant BC nous aurons deux triangles égaux comme ayant les trois côtés égaux ; d'où on déduira l'égalité des angles ABC, BCD, ainsi que des angles ACB, DBC et comme ces angles sont alternes-internes, les lignes AB, CD, sont parallèles entr'elles ainsi que les lignes AC, BD.

2° Si AB est égal et parallèle à CD, en tirant BC nous aurons deux triangles égaux comme ayant un angle égal compris entre côtés égaux, les angles ABC, BCD comme alternes-internes, le côté BC commun et les côtés AB, CD par hypothèse; d'où on déduira que AC=BD, et en vertu du premier cas, la figure sera un parallélogramme.

3° Si l'angle A = D et que l'angle B = C, comme les quatre angles d'un quadrilatère valent quatre droits, les angles A et B valent deux droits, de même que les angles D et C. Alors les lignes AB, CD sont parallèles ainsi que AC, BD, puisque la somme des angles intérieurs vaut deux droits.

4° Si BC et AD se coupent mutuellement en deux parties égales au point O, les deux triangles AOC, BOD, ainsi que les deux triangles AOB, COD seront égaux comme ayant un angle égal opposé par le sommet compris entre côtés égaux, par hypothèse. On en conclura l'égalité des côtés opposés, et en vertu du premier cas, la figure sera un parallélogramme.

THÉORÈME III.

Les diagonales d'un losange se coupent mutuellement en deux parties égales et à angles droits (Pl. II, fig. 6).

D'abord un losange est un parallélogramme; puisque tous les côtés sont égaux entre eux, les côtés opposés le sont, et alors, en vertu de la première réciproque précédente, la figure est un parallélogramme. Donc les diagonales se coupent mutuellement en deux parties égales. Alors le triangle BAD étant isoscèle et AO joignant le sommet au milieu de la base est perpendiculaire à cette base.

THÉORÈME IV.

Les diagonales d'un rectangle sont égales (Pl. II, fig. 5).

Car les deux triangles rectangles ABC, BDC sont égaux, comme ayant un angle droit compris entre côtés égaux, savoir BC commun et AB = CD comme côtés opposés d'un parallélogramme. D'où on conclut AC = BD.

REMARQUE. — Un carré étant un rectangle et aussi un losange, doit en réunir les propriétés. Donc, dans un carré, *les diagonales sont égales, perpendiculaires entre elles, et se coupent mutuellement en leur milieu.*

LIVRE II.

CERCLE ET MESURE DES ANGLES.

~~~~~~

ONZIÈME LEÇON.

Définitions.

1. On appelle *circonférence* une courbe plane dont tous les points sont également éloignés d'un point intérieur appelé *centre*.

2. Le *cercle* est la portion de plan renfermée dans cette courbe.

On peut regarder le cercle comme étant engendré par la révolution d'une droite de longueur invariable qui tourne autour d'un point fixe. Alors l'extrémité de cette droite décrit la circonférence.

Dans le langage, on prend quelquefois le mot cercle pour désigner la circonférence, mais on ne confond jamais circonférence avec cercle.

3. On nomme *rayon* toute droite qui joint le centre à un point quelconque de la circonférence.

Par définition, tous les rayons sont égaux dans le même cercle.

4. On appelle *diamètre* toute ligne droite passant par le centre.

La longueur du diamètre est la portion de cette ligne comprise dans la courbe.

Les longueurs du diamètre sont doubles de la longueur du rayon, et par conséquent égales entr'elles.

Quoique le diamètre soit une ligne indéfinie, on emploie ce mot pour désigner la portion interceptée dans la courbe.

5. On appelle *arc* une portion quelconque de la circonférence.

6. La ligne droite qui joint les extrémités d'un arc se nomme *corde* ou *sous-tendante* de l'arc.

Une corde sous-tend deux arcs, mais à moins qu'on ne dise expressément le contraire, c'est toujours du plus petit des deux qu'on parle quand on dit : « l'arc sous-tendu par la corde. »

7. La portion de cercle comprise entre l'arc et la corde se nomme *segment*. La corde en est la *base*.

8. On appelle *angle au centre* l'angle formé par deux rayons.

L'arc compris entre les côtés de l'angle est *l'arc correspondant* à l'angle au centre.

THÉORÈME I.

Une ligne droite ne saurait rencontrer un cercle en plus de deux points (Pl. II, fig. 7).

Car si les trois points en ligne droite A, B et C pouvaient appartenir à un cercle dont le centre serait en O, les lignes OA, OB étant égales, la ligne qui joindrait le point O au milieu de AB lui serait perpendiculaire. Par la même raison, la ligne qui joindrait le point O au milieu de BC lui serait perpendiculaire : on pourrait donc mener d'un même point deux perpendiculaires sur une même droite, ce qui est impossible.

REMARQUE. — Une droite ne peut donc être par rapport à un cercle que dans trois situations différentes : 1° N'avoir aucun point commun; 2° avoir un seul point commun; 3° avoir deux points communs.

THÉORÈME II.

Le diamètre est la plus grande corde (Pl. II, fig. 8).

Car si AB est une corde qui ne passe point par le centre, et que l'on joigne les points A et B au centre, on aura un triangle dans lequel AB sera moindre que AO+BO, ou moindre que la somme de deux rayons. Or, la somme de deux rayons est un diamètre.

THÉORÈME III.

Tout diamètre partage la circonférence et le cercle en deux parties égales (Pl. II, fig. 8).

Soit IL un diamètre quelconque, O le centre du cercle et A un point de la circonférence. Tirons le rayon OA et menons dans la région du plan qui ne contient pas OA, un rayon OC faisant avec IL l'angle COI = AOI, et faisons tourner la portion de plan IAL autour de IL comme charnière; il est clair que dans ce mouvement la ligne OA prendra la direction OC, et comme OA = OC, le point A se rabattra sur le point C. Donc un point quelconque de la partie supérieure, se rabattra sur un point de la partie inférieure. Ce qui démontre le théorème énoncé.

THÉORÈME IV.

Dans un même cercle, ou dans des cercles de rayons égaux, si deux arcs sont égaux, les cordes qui les sous-tendent sont égales, et les angles au centre correspondants sont égaux. (Pl. II, fig. 8).

Soit dans un cercle dont le centre est O, les arcs égaux AB, CD, je dis que les cordes AB, CD sont égales ainsi que les angles AOB, COD. Soit I le point milieu de l'arc AC et menons le diamètre IL. En faisant tourner la partie IABL autour de IL, on sait qu'elle s'appliquera exactement sur ICDL ; mais le point A tombera en C, puisque les arcs AI, CI sont égaux, et alors le point B sera en D, puisque les arcs AB, CD sont égaux. Donc les cordes coïncident, et comme le point O n'a pas bougé, les lignes OA, OC coïncident ainsi que OB et OD. Donc les angles au centre sont aussi égaux.

THÉORÈME V.

Réciproquement, si dans un même cercle, deux cordes AB, CD sont égales entr'elles, les arcs sous-tendus seront égaux, ainsi que les angles au centre, correspondants à ces arcs (Pl. II, fig. 8).

Car ayant joint leurs extrémités au centre O, et pris le milieu I de l'arc AC, on obtiendra deux triangles égaux comme ayant les trois côtés égaux. Déjà les angles au centre sont égaux ; mais en faisant tourner IABL autour de IL, le point A vient en C, et le rayon OA coïncidant avec OC, le rayon OB tombera sur OD, puisque

les angles en O sont égaux et le point A tombera en C.
Donc les arcs AB, CD sont égaux.

THÉORÈME VI.

*Dans le même cercle ou dans des cercles égaux, le plus
grand arc est sous-tendu par la plus grande corde, et correspond au plus grand angle au centre* (Pl. II, fig. 9).

Soit l'arc AB plus grand que l'arc DE. On pourra prendre
sur cet arc la portion AC égale à DE. Le point C tombant
entre les points A et B, la ligne OC sera dans l'intérieur de
l'angle AOB. Mais l'angle AOC étant égal à DOE comme
correspondants à des arcs égaux, on en déduit que l'angle
AOB est plus grand que DOE.

Les deux triangles AOB, DOE, ayant deux côtés égaux,
se coupant sous des angles inégaux, au plus grand angle
sera opposé le plus grand côté. Donc la corde AB est plus
grande que DE.

THÉORÈME VII.

*Réciproquement, dans un même cercle ou dans des cercles
égaux, si deux cordes sont inégales, à la plus grande corde
correspondra le plus grand arc et le plus grand angle au centre.*
(Pl. II, fig. 9).

Car si les cordes AB, DE sont inégales, les deux triangles AOB, DOE auront deux côtés égaux et les troisièmes
inégaux, et on sait qu'alors au plus grand côté est opposé
le plus grand angle. Donc si AB est plus grand que DE,
l'angle AOB est plus grand que DOE.

Si on joint le centre O au milieu I de l'arc AD, et qu'on

fasse tourner la partie IDEL autour de IL, la ligne OD coïncidera avec OA, et l'angle DOE étant moindre que AOB, la ligne OD tombera dans l'intérieur de l'angle AOB, et par suite, le point D tombera entre A et B ; ce qui prouve que l'arc DE est moindre que l'arc AB. Ce qui démontre le théorème énoncé.

<hr>

DOUZIÈME LEÇON.

THÉORÈME I.

Le rayon perpendiculaire à une corde, partage cette corde et l'arc sous-tendu en deux parties égales (Pl. II, fig. 10).

Soit OC un rayon perpendiculaire à AB, je dis que ce rayon coupe la corde AB en son milieu D, et l'arc ACB en son milieu C. Car les droites OA, OB étant égales comme rayons, le triangle OAB sera isocèle, et la ligne menée du sommet perpendiculaire à la base la partage en deux parties égales.

La droite OD étant perpendiculaire au milieu D de AB, chaque point et par suite le point C est équidistant des extrémités A et B, et les cordes CA, CB étant égales, les arcs sont égaux.

REMARQUE 1. — La perpendiculaire élevée au milieu d'une corde passe par le centre. Car la perpendiculaire est le lieu des points équidistants des extrémités de cette corde, et le centre est par hypothèse un point équidistant.

REMARQUE 2. — Le diamètre CI est soumis à cinq conditions, savoir : 1° Il passe au milieu de l'arc ACB ; 2° au milieu

de l'arc AIB; 3° au centre; 4° au milieu de la corde AB;
5° il est perpendiculaire à la corde. Or, il suffit de deux
de ces conditions pour fixer la position d'une droite; on
pourra donc énoncer autant de théorèmes que l'on pourra
faire d'assemblages deux à deux parmi les conditions
précédentes.

Remarque 3. — Toutes les cordes parallèles ont leurs
milieux sur un même diamètre.

Car si par le milieu de l'une d'elles on élève à cette corde
une perpendiculaire, elle passera par le centre d'après ce
qui précède, et sera perpendiculaire à toutes les autres et
en leurs milieux.

THÉORÈME II.

*Par trois points, non en ligne droite, on peut toujours faire
passer une circonférence, mais on n'en peut faire passer qu'une*
(Pl. II, fig. 11).

Soit A, B, C, trois points non en ligne droite. Je joins AB
et BC, et par le milieu K de AB, je mène la perpendiculaire KO, et par le milieu I de BC, je mène la perpendiculaire IO. Ces deux perpendiculaires se couperont, car si
elles étaient parallèles, la ligne BK perpendiculaire à l'une
le serait à l'autre et on pourrait ainsi mener deux droites
BK, BI perpendiculaires à KO, ce qui est impossible. Ainsi
soit O le point de rencontre de ces perpendiculaires, ce
point est équidistant des points A et B, de même des
points B et C ; donc

$$OA = OB = OC$$

et la circonférence de centre O et de rayon OA, passera
par les trois points donnés A, B, C.

Cette circonférence sera unique, car toute circonférence passant par les trois points donnés aura pour cordes les lignes AB et BC et par suite aura son centre sur les perpendiculaires KO, IO élevées au milieu de ces cordes, c'est-à-dire au point O. Quant à son rayon, il ne peut être que OA; donc elle se confondra avec la première circonférence.

REMARQUE. — Deux circonférences ne peuvent donc avoir plus de deux points communs sans se confondre.

TREIZIÈME LEÇON.

THÉORÈME I.

Dans le même cercle ou dans des cercles égaux, les cordes égales sont également éloignées du centre, et réciproquement deux cordes également éloignées du centre sont égales (Pl. II, fig. 12).

Soit les deux cordes égales AB, CD ; je dis que les perpendiculaires menées du centre sur ces cordes sont égales entr'elles.

Car si l'on joint AO et CO, les deux triangles rectangles AOI, COK seront égaux comme ayant l'hypoténuse égale comme rayons et un côté égal, car AI et CK sont les moitiés de deux cordes égales.

Soit supposé les longueurs OI, OK égales entr'elles, je dis que les cordes AB, CD seront aussi égales entr'elles. Car les deux triangles rectangles AOI, COK auront encore l'hypoténuse égale comme rayons, et un côté égal par hypothèse. Donc les lignes AI, CK seront égales ainsi que leurs doubles longueurs, c'est-à-dire AB et CD.

THÉORÈME II.

Dans le même cercle ou dans des cercles égaux, de deux cordes inégales, la plus grande est la moins éloignée du centre, et réciproquement (Pl. II, fig. 43).

Soit la corde AB plus grande que la corde CD, l'arc AB sera plus grand que l'arc CD et on pourra toujours porter l'arc CD de A en H, et la distance OI sera égale à OL en vertu de ce qui précède.

Mais la ligne OK étant perpendiculaire à AB, OL lui sera oblique, et comme OL rencontre AB en S, OK sera plus court que OS et *à fortiori* plus court que OL.

Soit la corde CD plus éloignée du centre que AB, je dis que CD est moindre que AB. Car si CD était égal à AB, OL devrait égaler OK et si CD était plus grand que AB, OL devrait être moindre que OK; ce qui est toujours contraire à l'hypothèse.

Définition.

On appelle *tangente* à une courbe la limite des positions que prend une sécante qui tourne autour d'un des points de rencontre avec la courbe, jusqu'à ce que le point le plus voisin soit venu se confondre avec le premier. Comme la circonférence ne peut être coupée par une droite en plus de deux points, il en résulte que la tangente n'a qu'un seul point commun avec la circonférence. Ce point se nomme *point de contact.*

THÉORÈME III.

Si une ligne est tangente à la circonférence, le rayon qui passe au point de contact est perpendiculaire à la tangente. (Pl. II, fig. 14).

Car la tangente ayant tous ses points hors du cercle, la distance du centre à un point quelconque de la tangente est plus grande que le rayon. Donc le rayon mené au point de contact étant la plus courte ligne menée du centre à la tangente lui est perpendiculaire.

THÉORÈME IV.

Si une ligne est perpendiculaire à l'extrémité d'un rayon d'un cercle, elle sera tangente à ce cercle.

Car toute ligne menée du centre à cette droite lui sera oblique, et par suite, plus grande que le rayon. Son extrémité sera donc hors du cercle, et par suite, la droite n'aura qu'un point commun avec la circonférence.

Il résulte des théorèmes 3 et 4 :

1° La distance du centre d'un cercle à une tangente est égale au rayon ;

2° La perpendiculaire menée du centre sur une tangente passe au point de contact;

3° La perpendiculaire élevée au point de contact d'une tangente est un diamètre.

THÉORÈME V.

Deux parallèles interceptent, sur la circonférence, des arcs égaux (Pl. II, fig. 15).

Trois cas peuvent se présenter : les deux parallèles sont toutes deux sécantes, ou bien l'une est sécante, l'autre tangente, ou enfin, toutes deux sont tangentes.

1° Soit les deux sécantes AB, CD parallèles entr'elles. Menons le diamètre TOH perpendiculaire à AB, il sera aussi perpendiculaire à CD et coupera les arcs AB, CD en leurs milieux T et H. Mais les demi-cercles TACH, TBDH étant égaux, si l'on retranche du premier les arcs AT et CH, et du second les arcs égaux AB, DH, les arcs restants AC, BD seront égaux.

2° Soit la tangente IHK et la sécante parallèle AB. Joignons le centre au point de contact H; cette ligne sera perpendiculaire à la tangente et à sa parallèle AB. Donc elle coupera l'arc AHB en deux parties égales, c'est-à-dire que AH = BH.

3° Soit les deux tangentes parallèles IHK, LTN. Joignons le centre à l'un des points de contact T, par exemple; cette ligne OT sera perpendiculaire à LN et à sa parallèle IK. Mais toute perpendiculaire menée du centre sur une tangente passe au point de contact, donc OT prolongé passera en H; alors les arcs interceptés sont égaux comme étant des demi-circonférences.

Le théorème énoncé est donc vrai dans tous les cas.

QUATORZIÈME LEÇON.

Définitions.

1. On dit que deux cercles sont *concentriques* quand ils ont le même centre.

2. On dit que deux cercles sont *tangents* quand leurs circonférences n'ont qu'un point commun appelé *point de contact*.

3. On dit que deux cercles sont *sécants* quand leurs circonférences ont deux points communs appelés *points d'intersection*.

4. Deux points sont dits *symétriques* par rapport à une droite quand la ligne droite qui joint ces deux points est perpendiculaire à la droite et coupée par elle en son milieu.

THÉORÈME IV.

Lorsque deux cercles se coupent, la ligne des centres est perpendiculaire à la corde commune, et la coupe en deux parties égales.

Car chaque centre étant équidistant des extrémités de la corde commune, ils appartiennent à la perpendiculaire élevée au milieu de cette corde commune; donc la ligne des centres est cette perpendiculaire elle-même.

REMARQUE 1. — Si deux circonférences ont un point commun situé hors de la ligne des centres, elles en ont un second symétrique du premier par rapport à la ligne des centres.

Soit A et B les centres des deux cercles, D leur point commun, C le point symétrique de D : puisque AB est perpendiculaire au milieu de CD, $AC = AD$. Par la même raison $BC = BD$. Donc les circonférences de centre A et de rayon AD, de centre B et de rayon BD passeront par le point C.

REMARQUE 2. — Si deux circonférences ont un point commun sur la ligne des centres, elles n'en ont pas au dehors, car elles en auraient un autre symétrique et alors

49

elles auraient trois points communs; ce qui est impossible. Alors les cercles se touchent.

La réciproque est également vraie, savoir : si deux cercles se touchent, leur point de contact est situé sur la ligne des centres, puisqu'un point commun situé hors de la ligne des centres en entraîne un autre, symétrique par rapport à la ligne des centres.

Deux cercles peuvent se toucher de deux manières : le point de contact peut être situé entre les deux centres, ou un centre peut se trouver entre l'autre et le point de contact.

Dans le premier cas le contact est *extérieur*.

Dans le second cas le contact est *intérieur*.

THÉORÈME II.

Quand deux cercles se touchent extérieurement, la distance des centres est égale à la somme des rayons et réciproquement (Pl. II, fig. 18).

Soit A et B les centres de deux cercles qui se touchent extérieurement en I. La distance AB est égale à AI + IB, c'est-à-dire égale à la somme des rayons.

Réciproquement, soit A et B les deux centres et AI l'un des rayons, IB sera nécessairement l'autre, et alors les deux cercles auront un point commun sur la ligne des centres, et seront tangents extérieurement.

On démontrerait de la même manière que lorsque deux cercles sont tangents intérieurement, la distance des centres est égale à la différence des rayons, et réciproquement.

Les conditions du contact de deux cercles peuvent donc s'énoncer de la manière suivante :

1° Pour que deux cercles se touchent extérieurement, il faut et il suffit que la distance des centres soit égale à la somme des rayons ;

2° Pour que deux cercles se touchent intérieurement, il faut et il suffit que la distance des centres égale la différence des rayons.

THÉORÈME III.

Si deux circonférences sont extérieures l'une à l'autre, la distance des centres est plus grande que la somme des rayons (Pl. II, fig. 19).

Soit A et B les centres des deux circonférences extérieures l'une à l'autre. La distance AB se compose de AD, de BL et de DL ; elle est donc plus grande que la somme des rayons.

THÉORÈME IV.

Si deux circonférences sont intérieures l'une à l'autre, la distance des centres est moindre que la différence des rayons (Pl. II, fig. 20).

Soit B et O les centres des deux circonférences intérieures dont les rayons sont BI et OK.

Si du rayon OK on retranche seulement BI, il restera OM + IK ; donc la différence des rayons est plus grande que la distance des centres.

THÉORÈME V.

Quand deux cercles se coupent, la distance des centres est moindre que la somme des rayons et plus grande que leur différence (Pl. II, fig. 17).

Car si deux cercles se coupent, on pourra toujours joindre l'un des points de rencontre aux deux centres, et on aura ainsi un triangle dans lequel l'un des côtés sera la ligne des centres et les deux autres les rayons de chacun des cercles.

Donc la distance des centres sera plus petite que la somme des rayons et plus grande que leur différence.

Nommons D la distance des centres, R le plus grand rayon, R' le plus petit, et l'on aura :

1° Quand les cercles se touchent extérieurement,

$$D = R + R'.$$

2° Quand les cercles se touchent intérieurement,

$$D = R' - R'.$$

3° Quand les cercles sont extérieurs sans avoir de point commun, $D > R + R'$.

4° Quand les cercles sont intérieurs sans avoir de point commun $D < R - R'$.

5° Quand les cercles se coupent $D < R + R'$ et simultanément $D > R - R'$.

On voit donc que dans les cinq positions possibles de deux cercles, chacune des cinq conditions précédentes est nécessaire, et comme aucune de ces conditions ne se trouve à la fois dans deux cas, on voit aussi qu'elles sont suffisantes.

QUINZIÈME LEÇON.

Définitions.

1. On sait que *mesurer une quantité*, c'est la comparer à une autre de même espèce choisie arbitrairement et qui se nomme *unité*.

2. Mesurer un angle, c'est donc le comparer à un angle particulier pris pour unité. Le résultat de la comparaison est toujours un nombre abstrait.

3. Mais comme la comparaison s'établit plus facilement entre certains objets qu'entre certains autres, on a cherché à ramener la comparaison des angles à celle d'autres quantités telles que les nombres résultant de leur comparaison fussent les mêmes que les nombres résultant de la comparaison des angles.

4. Ces quantités sont, comme il va être établi, les arcs de cercle décrits de leurs sommets comme centres avec le même rayon.

5. On a déjà vu (11e leçon), qu'à des angles au centre égaux, correspondaient des arcs égaux, et réciproquement.

Nous démontrerons que :

THÉORÈME I.

Si des sommets de deux angles quelconques on décrit deux arcs de cercle avec le même rayon, le rapport des angles sera le même que le rapport des arcs compris entre leurs côtés (Pl. III, fig. 1).

Soit les angles A et G, du sommet desquels on a décrit avec le même rayon les arcs BC et DF. Supposons qu'il existe entre les deux arcs une commune mesure, c'est-à-dire un arc qui soit contenu un nombre entier de fois dans chacun d'eux. Soit donc B*m* un arc contenu sept fois dans l'arc BC et six fois dans DF.

L'arc DF sera les $\frac{6}{7}$ de l'arc BC.

Comme tous ces arcs sont égaux entr'eux, les angles au centre correspondants le sont aussi, et si l'on prend l'un d'eux, BA*m* par exemple, pour unité d'angles, l'angle DGF sera encore les $\frac{6}{7}$ de l'angle BAC, et par suite le rapport des angles sera le même que le rapport des arcs interceptés.

L'arc B*m* étant la commune mesure de ces arcs, si on le partage en deux, quatre, huit parties égales, etc., la moitié, le quart, le huitième de B*m* seront aussi des communes mesures entre les deux arcs.

On peut donc supposer que les arcs ont une commune mesure, moindre que telle quantité aussi petite qu'on voudra. Donc le théorème est général.

Donc un angle quelconque contient l'angle unité ou une de ses parties, de la même manière que l'arc correspondant contient l'unité d'arc ou l'une de ses subdivisions, en prenant pour l'arc unité celui qui correspond à l'angle unité et ces deux arcs étant d'ailleurs de même rayon.

C'est ce qu'on exprime plus brièvement par cette phrase elliptique.

Un angle au centre a pour mesure son arc.

Comme le choix de l'unité est arbitraire, on a pris l'angle droit pour unité d'angle, et le quart de la circonférence pour unité d'arc. Cette unité d'arc prend le nom de *quadrant.*

Car, si du sommet d'un angle droit comme centre, on décrit une circonférence, et qu'on prolonge les côtés de l'angle, on aura formé autour du centre quatre angles égaux, qui intercepteront, sur la circonférence, des arcs égaux, de sorte que chaque angle droit interceptera le quart de la circonférence.

Tout angle inscrit a pour mesure la moitié de l'arc qu'il intercepte (Pl. III, fig. 2).

On appelle angle inscrit celui qui a son sommet sur la circonférence, et qui est formé par deux cordes.

La démonstration de ce théorème présente trois cas, suivant que le centre est sur un des côtés de l'angle, ou qu'il est intérieur à l'angle, ou extérieur.

1° Soit un angle inscrit BAD, dont un des côtés AD passe par le centre O.

Menons le rayon OB. L'angle BOD, extérieur au triangle ABO, est égal à la somme des deux angles intérieurs B et BAO ; or ces deux angles sont égaux, puisque le triangle ABO est isoscèle. Donc l'angle BAO est la moitié de l'angle BOD, et comme ce dernier est un angle au centre, qui a pour mesure l'arc intercepté BD, l'angle BAD a donc pour mesure la moitié de l'arc BD.

2° Soit un angle inscrit BAC, dans l'intérieur duquel est le centre.

Menons le diamètre AD. Les deux angles BAD et CAD auront pour mesure, d'après le premier cas, l'un la moitié de l'arc BD, et l'autre la moitié de l'arc CD ; donc l'angle BAC, somme des deux angles BAD et CAD, a pour mesure la moitié de l'arc BDC.

3° Soit un angle inscrit CAH, à l'extérieur duquel est le centre.

Menons le diamètre AD. Les angles CAD et DAH auront

pour mesure, d'après le premier cas, l'un la moitié de l'arc CH, et l'autre la moitié de l'arc DCH. Donc l'angle CAH, différence des angles CAD et DAH, a pour mesure la moitié de l'arc CH.

Donc, tout angle inscrit a pour mesure la moitié de son arc.

COROLLAIRE 1. — *Tous les angles inscrits dans le même segment sont égaux.*

Car ils interceptent, sur la circonférence, le même arc.

COROLLAIRE 2. — *Tous les angles inscrits dans un demi-cercle sont droits.*

Car ils interceptent une demi-circonférence, et sont par suite égaux à l'angle au centre qui intercepterait un quart de cercle, c'est-à-dire à l'angle droit.

COROLLAIRE 3. — *Si un quadrilatère est inscrit dans un cercle, les angles opposés sont supplémentaires.*

Car ils interceptent à eux deux toute la circonférence, et ils valent un angle au centre qui comprendrait la demi-circonférence entre ses côtés, c'est-à-dire deux angles droits.

THÉORÈME III.

Tout angle formé par une tangente et une corde, a pour mesure la moitié de l'arc sous-tendu par la corde (Pl. III, fig. 4).

Soit l'angle CAK formé par la tangente AC et le diamètre AK.

Le diamètre mené au point de contact d'une tangente lui étant perpendiculaire, l'angle CAK est droit, et a pour mesure le quart de la circonférence; mais le diamètre AK, partageant la circonférence en deux parties égales, l'arc ABK est une demi-ciconférence, donc l'angle CAK a pour mesure la moitié de cet arc.

Soit encore un angle BAC, formé par la tangente AC et la corde AB.

Si on mène le diamètre AK, l'angle CAK aura pour mesure la moitié de l'arc ABK d'après le cas précédent, et l'angle inscrit BAK a pour mesure la moitié de l'arc BK; donc l'angle BAC, différence des angles CAK et BAK, a pour mesure la moitié de l'arc AB.

THÉORÈME V.

Un angle dont le sommet est intérieur au cercle, a pour mesure la moitié de l'arc qu'il intercepte, plus la moitié de l'arc intercepté par ses côtés prolongés (Pl. III, fig. 5).

Soit l'angle BAC, menons BD. L'angle BAC, extérieur au triangle ABD, est égal à la somme des angles B et D; or, l'angle inscrit D a pour mesure la moitié de BC, et l'angle inscrit B a pour mesure la moitié de l'arc DH. Donc l'angle BAC a pour mesure la moitié de BC, plus la moitié de DH.

THÉORÈME VI.

Un angle dont le sommet est extérieur au cercle, a pour mesure la moitié de l'arc concave, moins la moitié de l'arc convexe interceptés entre les côtés (Pl. III, fig. 6).

Soit l'angle BAC, menons BD. L'angle BDC, extérieur au triangle ABD, est égal à la somme des angles A et B; donc l'angle A équivaut à l'excès de l'angle BDC sur l'angle B, et comme ces deux angles ont pour mesure, l'un la moitié de l'arc BC, l'autre la moitié de l'arc DE, l'angle A a pour mesure la moitié de l'arc BC, moins la moitié de l'arc DE.

Remarque. — D'après le corollaire 1 du théorème 2, tous

les angles inscrits dans un même segment de cercle étant
égaux, un segment est dit capable d'un certain angle,
quand tous les angles inscrits dans ce segment de cercle
sont égaux à cet angle.

THÉORÈME VII.

*Le lieu géométrique des sommets des triangles qui ont même
base et même angle, au sommet, est l'arc du segment qui ayant
pour corde la base commune aux triangles, est capable de
l'angle au sommet* (Pl. III, fig. 3).

Par exemple, tous les triangles qui auront pour base BC,
et dont l'angle au sommet sera égal à BAC, auront leurs
sommets sur l'arc BADC, car l'angle BAC, et tous les angles
inscrits dans le segment BADC, auront pour mesure la
moitié de l'arc BC, tandis que si un triangle ayant pour
base BC, a son sommet dans l'intérieur de l'arc BADC,
l'angle au sommet aura pour mesure plus de la moitié de
l'arc BC, et si un tel triangle avait son sommet hors de
l'arc BADC, l'angle au sommet aurait une mesure moindre
que la moitié de l'arc BC.

CoROLLAIRE. — *La circonférence décrite sur l'hypoténuse
d'un triangle rectangle est le lieu géométrique des sommets de
tous les triangles rectangles de même hypoténuse.*

Division de la Circonférence.

Nous avons montré comment la mesure des angles se
ramène à celle des arcs, voici comment s'effectue cette
mesure.

La circonférence a été partagée en 360 parties égales dites *degrés*.

Le degré se subdivise en 60 parties égales appelées *minutes*.

La minute en 60 parties égales appelées *secondes*.

La longueur d'un arc sera évaluée en disant combien il renferme de degrés, minutes et secondes.

On désigne le degré par le caractère °, placé comme un exposant, la minute par une virgule placée de la même manière, la seconde par deux virgules. Par exemple, un arc de 12 degrés, 25 minutes, 34 secondes, sera désigné par 12°, 25′, 34″.

La grandeur d'un angle s'évaluera donc par la grandeur de l'angle correspondant aux arcs de 1°1′1″ répété autant de fois que l'indique la longueur de l'arc. Ainsi l'arc 12°25′34″ correspond à un angle 12 fois plus grand que l'angle de 1°, plus un angle 25 fois plus grand que celui d'une minute, plus un angle 34 fois plus grand que celui d'une seconde.

La demi-circonférence contient 180°, et le quadrant en contient 90. On dira donc que deux droits valent 180°, un droit vaut 90° et un demi-droit vaut 45°.

SEIZIÈME LEÇON.

Définitions.

1. Les problèmes de Géométrie consistent à trouver avec précision, sur le papier, les positions de certains points ou

les grandeurs de certaines figures. On se sert à cet effet de
quelques instruments, dont les principaux sont la règle et
le compas.

2. La règle consiste en une planchette en bois, de forme
rectangulaire, dont les deux bords les plus longs doivent
être parfaitement taillés en ligne droite.

3. On fait usage de cet instrument, pour construire sur
le papier une ligne droite passant par deux points donnés.
Il suffit de placer la règle de manière qu'un de ses bords
coïncide avec ces deux points, et de faire ensuite glisser le
long de ce bord la pointe d'un crayon, ou celle d'un tire-
ligne imbibé d'encre de Chine.

4. Pour vérifier une règle, quand on a tracé une ligne
droite, comme nous venons de le dire, on la retourne de
manière que le même bord coïncide avec les mêmes points,
le bout qui était à droite se trouvant maintenant tourné
vers la gauche, et *vice versâ*. Si on recommence alors l'opé-
ration précédemment faite avec le crayon ou le tire-ligne,
la nouvelle ligne tracée devra exactement coïncider avec la
première.

5. Le compas consiste en deux branches métalliques
terminées en pointe, et réunies par une charnière qui
permet de rapprocher plus ou moins les deux pointes l'une
de l'autre.

6. On en fait usage pour donner à une ligne droite,
construite sur le papier, une longueur déterminée. A cet
effet, on ouvre le compas de manière que l'écartement des
pointes soit égal à cette longueur, et le plaçant en cet état
sur la droite tracée au crayon, on marque légèrement, avec
les pointes, deux points que l'on réunit ensuite avec le
tire-ligne.

7. Le même instrument peut servir à construire une
circonférence, mais il faut pour cela que l'une des branches
puisse être enlevée et remplacée par un crayon ou par un
tire-ligne. On donne alors à ce compas une ouverture égale

au rayon de la circonférence que l'on veut tracer, et plaçant la pointe sèche au point qui doit servir de centre, on décrit avec l'autre la circonférence.

Par un point pris sur une droite, en mener une autre qui fasse, avec la première, un angle égal à un angle donné (Pl. III, fig. 7).

Soit A le point donné sur la droite AX, et M l'angle donné. Du point M comme centre, et d'un rayon quelconque MH je décris l'arc HI et du point A, comme centre et du même rayon je décris l'arc indéfini CB sur lequel je prends la portion CB égale à HI, et je joins AB. L'angle BAC sera égal à M, car dans des cercles égaux ils sont mesurés par des arcs égaux.

Connaissant deux angles d'un triangle, trouver le troisième (Pl. III, fig. 8).

Du sommet de chaque angle donné A et E, avec un rayon quelconque, décrivons les arcs BC, DF, et sur une droite indéfinie, d'un point arbitraire pour centre, et du même rayon, traçons le demi-cercle MNPQ et prenons l'arc MN égal à BC et l'arc PQ égal à DF, les angles MON, POQ, seront, d'après le problème 1, égaux aux angles A et E, et comme les trois angles autour du point O valent deux droits, l'angle MOP doit être nécessairemnt le troisième angle du triangle.

Les problèmes élémentaires sur la construction des

triangles consistent à déterminer, certaines parties du triangle étant données, certaines autres parties, angles ou côtés. On convient de désigner les angles du triangle par les lettres A, B, C, et les côtés opposés à ces angles, par les petites lettres *a, b, c*.

PROBLÈME III.

Construire un triangle, connaissant deux côtés et leur angle (Pl. III, fig. 9).

Soit *a* et *b* les côtés donnés, et C leur angle. Au point P d'une droite indéfinie PQ, faisons, d'après le problème 1, l'angle RPQ égal à l'angle C, et portons sur le côté PR la distance PR = *a* et la distance PQ = *b*. Sur le côté indéfini PQ joignons RQ, et le triangle PQR sera le triangle cherché.

PROBLÈME IV.

Construire un triangle, connaissant un côté et deux angles.

Nous chercherons d'abord, en vertu du problème 2, le troisième angle du triangle, et alors on aura nécessairement les deux angles adjacents au côté donné. Alors, aux deux extrémités de ce côté on pourra, en vertu du problème 1, faire des angles égaux aux deux angles adjacents et on obtiendra ainsi le triangle demandé.

PROBLÈME V.

Construire un triangle, connaissant les trois côtés.

Ayant pris sur une droite indéfinie une distance égale à l'un des côtés de l'une des extrémités avec un des côtés pour rayon, et de l'autre extrémité, avec le côté restant pour rayon, décrivons deux cercles. Le point où ces cercles se couperont sera le sommet du triangle. Or, on sait que la condition nécessaire à l'intersection de deux cercles est que la distance des centres soit moindre que la somme des rayons et plus grande que leur différence. Donc, pour que le problème soit possible, il faut et il suffit que chacun des trois côtés donnés soit moindre que la somme des deux autres, ou que seulement le plus grand côté soit moindre que la somme des deux autres.

DIX-SEPTIÈME LEÇON.

PROBLÈME I.

Par un point C donné sur une droite AB, élever une perpendiculaire (Pl. III, fig. 10).

Du point C comme centre et d'un rayon arbitraire, je trace un cercle qui détermine sur AB les points A et B équidistants du point C. Des mêmes points A et B et d'un rayon plus grand que AC, comme centres, décrivons deux cercles qui se couperont en I, point équidistant de A et de B. La ligne CI sera la perpendiculaire demandée parce qu'elle a deux points équidistants de A et de B.

PROBLÈME II.

D'un point A *situé hors d'une droite* BC, *abaisser une perpendiculaire à cette droite* (Pl. III, fig. 11).

Du point A comme centre, et avec un rayon suffisant, décrivons une circonférence qui coupe la ligne donnée en deux points, D, E, équidistants du point A, puis des points D et E comme centres, avec une distance suffisante pour rayon, décrivons deux arcs de cercle qui se coupent en I. La droite AI sera perpendiculaire à la ligne BC. Le rayon des deux circonférences qui se coupent en I, doit être plus grand que la moitié de DE.

PROBLÈME III.

Par un point C, *mener une parallèle à une droite* AB (Pl. III, fig. 12).

D'un point quelconque O, pris sur la droite AB avec le rayon CO, décrivons un cercle qui coupe la droite en deux points A, B, équidistants de O; portons sur ce cercle, à partir de C, un arc BD égal à AC et tirons CD qui sera la droite demandée, car CD et AB interceptent sur la circonférence des arcs égaux.

PROBLÈME IV.

Élever une perpendiculaire à l'extrémité d'une droite AB *qu'on ne peut prolonger* (Pl. III, fig. 13).

Prenons sur AB, à partir de B, une distance arbitraire BC, et construisons sur BC un triangle équilatéral BCD, prolongeons CD d'une quantité DI = BC et tirons BI qui sera la ligne cherchée. Car le triangle BDI est isocèle et l'angle BDI, supplément de BDC vaut 120°, donc les angles B et I, valant en somme 60°, en valent chacun 30 et alors l'angle CBI, se composant de CBD qui vaut 60° et de DBI qui vaut 30° est un angle droit.

Quelques-unes des constructions décrites dans cette leçon et dans la précédente, peuvent être abrégées au moyen de l'équerre et du rapporteur.

L'équerre consiste en une planchette ayant la forme d'un triangle rectangle.

Pour abréger la construction du problème 1 de cette leçon, on placera l'équerre de manière qu'un des côtés de l'angle droit coïncide avec AB, et couvre le point C; puis appliquant une règle le long de l'hypoténuse, et maintenant cette règle fixe avec une main, on fera, avec l'autre, glisser l'équerre jusqu'à ce que le second côté de l'angle droit, qui était perpendiculaire à AB, et qui ne cessera pas de l'être pendant ce mouvement, passe par le point C, et on trouvera alors la perpendiculaire CI, en faisant glisser le long de ce côté, un crayon ou un tire-ligne (Pl. III, fig. 10).

Pour abréger la construction du problème 2, on placera l'équerre de manière qu'un des côtés de l'angle droit coïncide avec BC, et que l'équerre couvre le point A, puis appliquant une règle le long de l'hypoténuse, et maintenant cette règle fixe, on fera glisser l'équerre jusqu'à ce que le second côté de l'angle droit, toujours perpendiculaire à BC, passe par le point A, et on trouve alors le long de ce côté la perpendiculaire AI (Pl. III, fig. 11).

On abrègera la construction du problème 3 en plaçant l'équerre sur la partie de la feuille de papier opposée au point C, et de manière qu'un des côtés coïncide avec AB, puis appliquant le long d'un autre côté une règle que l'on maintiendra fixe, on fera glisser l'équerre jusqu'à ce que le côté qui coïncidait avec AB, et qui se meut parallèlement à lui-même, passe par le point C, et on tracera alors le long de ce côté la parallèle CD (Pl. III, fig. 12).

Le rapporteur est un demi-cercle en corne transparente ou en cuivre, dont la circonférence est divisée en degrés ou en demi-degrés, les deux extrémités du diamètre étant marquées 0 et 180.

Cet instrument sert à abréger la construction du problème 1 de la seizième leçon. A cet effet, on place le rapporteur de manière que son centre soit au point M, son diamètre dirigé suivant MH, et on lit sur la demi-circonférence le nombre vis-à-vis lequel tombe le côté MI, et qui indique le nombre des degrés de l'angle M. On transporte ensuite le rapporteur en plaçant le centre au point A, et le diamètre suivant AX; on marque alors, avec la pointe d'un crayon, le point de la feuille de papier correspondant au nombre des degrés de l'angle, et enlevant le rapporteur, on trace la droite AB, passant par le sommet de l'angle et par le point que l'on vient de marquer (Pl. III, fig. 7).

On peut encore faire usage du rapporteur pour abréger la construction du problème 3 de la présente leçon. On joindra le point C à un point quelconque O de la droite AB, et on se servira du rapporteur pour faire au point C, l'angle OCD égal à AOC; ces deux angles ayant la position d'alternes-internes, les droites CD et AB sont parallèles (Pl. III, fig. 12).

DIX-HUITIÈME ET DIX-NEUVIÈME LEÇONS.

PROBLÈME 1.

Partager une droite ou un arc en deux parties égales (Pl. III, fig. 14).

1° Soit une droite AB à partager en deux parties égales, des points A et B comme centres, avec un rayon assez grand, décrivons deux arcs de cercle qui se couperont au-dessus et au-dessous de AB aux points C et D. D'après la construction même, les points C et D seront équidistants de A et B, et par suite appartiendront à la perpendiculaire élevée au milieu de AB. Donc, en joignant CD, cette ligne devra couper AB en son milieu.

2° Si on avait à chercher le milieu d'un arc, on tirerait sa corde, et répétant la construction précédente, on obtiendrait la perpendiculaire au milieu de la corde qui doit aussi passer par le milieu de l'arc.

REMARQUE 1. — Si l'on a à chercher la bissectrice d'un angle BAC (P. III, fig. 15), il suffira de décrire du point A comme centre, et d'un rayon quelconque, un arc de cercle entre les côtés de l'angle, et de chercher le milieu de l'arc, comme il vient d'être dit. On joindra le sommet A avec le milieu I de l'arc, et la droite AI sera la bissectrice.

REMARQUE 2. — Un arc étant partagé en deux parties égales, chacune de ses parties peut aussi l'être en deux parties égales; on peut donc partager un arc en un nombre de parties égales, marqué par une puissance quelconque de 2.

67

PROBLÈME II.

Décrire une circonférence qui passe par trois points donnés non en ligne droite (Pl. IV, fig. 1).

On sait déjà que le problème est toujours possible et n'a qu'une solution. Il suffira, pour obtenir le centre, de joindre l'un quelconque des points aux deux autres, et ces lignes étant des cordes dans la circonférence cherchée, en élevant en leurs milieux des perpendiculaires d'après le problème 1, ces perpendiculaires donneront le centre par leur intersection.

Soit B, A, C, les trois points donnés. Joignons AB, AC, et du point A, comme centre, avec un rayon plus grand que la moitié de AB et de AC, soit décrit l'arc de cercle RNPM, et des points B et C, comme centre, avec le même rayon, décrivons deux arcs qui coupent l'arc RNPM; le premier aux points R et P, le second aux points M, N. Joignons les lignes MN, PR, leur rencontre donne le centre O du cercle cherché.

PROBLÈME III.

Décrire, sur une droite donnée, un segment capable d'un angle donné (Pl. IV, fig. 2).

Au point B de la droite donnée AB, menons la droite BST, faisant avec BA l'angle ABT égal à l'angle donné. Par le milieu D de AB, menons à AB une perpendiculaire, et par le point B menons une perpendiculaire à ST. Ces deux lignes se rencontreront nécessairement en un point O, et si de ce point, comme centre avec OB pour rayon, nous traçons une circonférence, elle sera tangente en B à la ligne ST, et passera par le point A, puisque O est équidistant de A et de B. De plus tout angle inscrit dans le segment AMB aura pour mesure la moitié de l'arc AB ; il aura donc la même mesure que l'angle ABT, formé par une tangente et une corde, lui sera égal, et sera par conséquent égal à l'angle donné. Ce segment est donc le segment cherché.

PROBLÈME IV.

Par un point extérieur à un cercle, lui mener une tangente (Pl. IV, fig. 3).

Soit A le point donné, O le centre du cercle donné. Joignons OA, et sur OA comme diamètre, traçons une circonférence qui coupera la première aux points M et S. Les lignes AS, AM seront les tangentes demandées : car en tirant OS, OM, les deux angles OSA, OMA seront droits comme inscrits dans un demi-cercle, et les lignes SA, MA perpendiculaires aux rayons OS, OM du cercle donné, lui seront tangentes.

COROLLAIRE. — Les triangles OSA, OMA étant égaux, montrent : 1° que deux tangentes partant d'un même point sont égales; 2° que le diamètre passant par le point de rencontre de deux tangentes partage leur angle en deux parties égales.

REMARQUE. — Si l'on imagine une suite de circonférences concentriques, et que l'on veuille mener des tangentes par le point A à toutes ces circonférences, le cercle décrit sur OA, comme diamètre, coupera toutes ces circonférences en des points P, Q, R, N, qui seront les points de contact.

PROBLÈME V.

Mener une tangente commune à deux cercles.

Deux cercles pouvant avoir cinq positions différentes, ce problème renferme donc cinq cas. Mais il est clair que si les deux cercles sont intérieurs l'un à l'autre, il n'y a pas de solution, et qu'il n'y en a qu'une si les cercles se touchent intérieurement. Nous allons examiner les trois cas restants :

1° Les deux cercles sont extérieurs (Pl. IV, fig. 4). Soit A le centre du plus grand cercle et B celui du plus petit cercle. Du point A, comme centre, avec un rayon AC, égal à la différence des rayons AT, BS, décrivons un cercle et du centre B du plus petit cercle donné, menons à ce cercle auxiliaire les tangentes BD, BC. Menons les rayons ACT, ADT′ perpendiculaires à ces tangentes et par les points T, T′, menons au grand cercle les tangentes TS, T′S′. Je dis qu'elles seront tangentes à l'autre cercle B; car TS et BC étant comme tangentes perpendiculaires à ATC sont parallèles et par suite équidistantes. Donc la perpendiculaire menée du point B sur TS, est égale à CT, et par suite au rayon du petit cercle. Donc TS est aussi tangente au cercle B.

2° Si du centre A, comme centre, avec un rayon AD égal à la somme des rayons des cercles A et B (Pl. IV, fig. 5), on décrit un cercle, et qu'à ce cercle auxiliaire on mène du point B, centre du plus petit cercle, les tangentes BD, BF, et enfin, qu'on mène, comme tout-à-l'heure, au cercle A des tangentes perpendiculaires au rayon AFE et au rayon AGD, ces lignes seront tangentes au petit cercle; car deux parallèles étant équidistantes, la distance du point B à CK sera égale à DC, qui, par construction, est le rayon du cercle B.

Ainsi, quand les cercles sont extérieurs, le problème est susceptible de quatre solutions, deux tangentes extérieures dont les points de contact sont d'un même côté de la ligne des centres, deux tangentes intérieures dont les points de contact sont situés de part et d'autre de la ligne des centres.

Discussion. — 1° Si les cercles se coupaient, le cercle décrit avec la somme des rayons contiendrait le centre B, puisque, dans ce cas, la distance des centres est moindre que la somme des rayons; donc on ne pourra, dans ce cas, mener de tangente à ce cercle par le point B. Mais le cercle décrit avec la différence des rayons sera extérieur au point B, puisque la distance des centres est plus grande que la différence des rayons, alors ce cercle fournira deux solutions, c'est-à-dire deux tangentes extérieures.

2° Si les cercles se touchent extérieurement, le cercle décrit avec la différence des rayons sera extérieur au point B et fournira deux solutions.

Le cercle décrit avec la somme des rayons passera au point B et ne fournira qu'une solution. Dans ce cas il n'existe que deux tangentes extérieures et une intérieure.

Remarque. — Les tangentes extérieures et intérieures se coupent mutuellement sur la ligne des centres. On démontrera plus tard qu'il doit, en effet, en être ainsi.

LIVRE III.

RAPPORTS DES FIGURES.

—

THÉORÈME I.

Toute parallèle à l'un des côtés d'un triangle divise les deux autres côtés en parties proportionnelles (Pl. IV, fig. 6).

Soit un triangle ABC et KE une parallèle à AC, je dis que le rapport à AE à BE est le même que celui de AK à KC.

Supposons qu'une ligne BG soit contenue un nombre entier de fois dans AE et BE, deux fois dans AE et trois fois dans BE. Portons cette ligne sur AB et par chaque point de division menons des parallèles à AC. Je dis que BC sera aussi coupée en cinq parties égales; il suffira de montrer que deux segments à volonté BH, KL sont égaux entre eux. A cet effet, par le point K, je mène KM, parallèle à DE, et je vais prouver que les deux triangles KML, BGH sont égaux. Le côté KM est égal à DE, comme côtés opposés d'un parallélogramme, donc il est aussi égal à BG; les angles MKL, MLK, ainsi que les angles GBH, GHB sont

égaux comme correspondants, donc les angles KML, BGH
sont égaux, et les triangles désignés ont un côté égal
adjacent à deux angles égaux. On en conclut que BH = KL.

KC contenant deux fois la ligne BH, et BK la contenant
trois fois, le rapport de KC à BK sera exprimé par $\frac{2}{3}$, de
même que le rapport de AE à BE.

Il en résulte que $\frac{AE}{AB} = \frac{CK}{CB} = \frac{2}{5}$ et que $\frac{BE}{AB} = \frac{BK}{BC} = \frac{3}{5}$.
La proposition étant démontrée, dans le cas où il y a entre
AD et DB une commune mesure, quelque petite qu'elle soit,
doit être, par cela même, regardée comme générale.

THÉORÈME II.

*Réciproquement, si une ligne coupe deux côtés d'un triangle
en parties proportionnelles, et disposées de la même manière,
cette ligne sera parallèle au troisième côté* (Pl. IV, fig. 7).

Soit une ligne DE, telle que les côtés AB, AC, du
triangle ABC soient coupées en parties proportionnelles,
c'est-à-dire que les rapports $\frac{AD}{AB}$, $\frac{AE}{AC}$ soient égaux entre
eux et à la fraction $\frac{5}{8}$, par exemple, je dis que la parallèle à
BC, menée par le point D, passera en E, car elle doit couper
AC en un point tel que sa distance au point A soit les $\frac{5}{8}$ de
AC. Ce point ne peut donc pas être autre que le point E.
Donc DE est parallèle à BC.

THÉORÈME III.

*La bissectrice d'un angle d'un triangle partage le côté opposé
en deux segments proportionnels aux côtés de l'angle* (Pl. IV,
fig. 8).

Soit BD, bissectrice de l'angle B du triangle BAC, je dis que le rapport $\frac{AD}{DC}$ est égal au rapport $\frac{BA}{BC}$ des côtés de l'angle divisé.

Par le point C menons une parallèle à la bissectrice BD jusqu'à la rencontre de AB prolongé en H. Dans le triangle ACH, la parallèle BD donne, en vertu du théorème 1 : $\frac{AD}{DC} = \frac{AB}{BH}$. Mais l'angle DBC = BCH comme alternes-internes, et l'angle ABD = BHC comme correspondants. Mais l'angle ABD = DBC, par hypothèse. Donc les angles BCH, BHC sont égaux, et le triangle BCH est isocèle, par suite BH = BC, et l'on aura $\frac{AD}{DC} = \frac{AB}{BC}$. Ce qui prouve le théorème énoncé.

VINGT-UNIÈME ET VINGT-DEUXIÈME LEÇONS.

Définitions.

1. On nomme *polygones semblables* ceux qui ont les angles égaux chacun à chacun, disposés dans le même ordre et les *côtés homologues* proportionnels.

2. On entend par *côtés homologues* ceux qui sont adjacents à des angles égaux.

3. Dans des triangles semblables, *les côtés homologues sont* en même temps opposés à des angles égaux.

THÉORÈME 1.

*En coupant un triangle par une parallèle à un des côtés,
on obtient un triangle semblable au premier* (Pl. IV, fig. 9).
Soit ABC un triangle coupé par la ligne DE, parallèle
à AC. Je dis que le triangle BDE est semblable à ABC.

L'angle A leur est commun, et les angles D, E sont respectivement égaux, comme correspondants aux angles
A et C.

De plus, à cause de la parallèle DE (leç. 20, th. 1),
$\frac{BD}{BA} = \frac{BE}{BC}$. Menons par le point D une ligne DH parallèle à
BC ; on aura $\frac{HC}{AC} = \frac{BD}{BA}$. Mais la figure DHCE étant un parallélogramme, CH = DE, et par conséquent les trois rapports
$\frac{BD}{BA}$, $\frac{BE}{BC}$, $\frac{DE}{AC}$ sont égaux. Les deux triangles ayant les
angles égaux et les côtés proportionnels sont semblables.

N. B. — Les triangles jouissent de cette propriété
particulière, qu'il suffit que quelques-unes des conditions
de similitude soient remplies, pour que toutes les autres le
soient; ainsi, entre autres cas, deux triangles seront semblables, en ayant seulement les angles égaux, ou seulement les côtés proportionnels, ou quand ils ont un angle
égal compris entre côtés proportionnels, ce qui va être
démontré dans les trois théorèmes qui suivent.

THÉORÈME II.

Deux triangles équiangles sont semblables (Pl. IV, fig. 7).
Soit les deux triangles ABC, A'B'C', dont les angles

A et A', B et B' C et C' sont égaux, je dis qu'ils ont leurs côtés proportionnels. Prenons sur AB une quantité AD=A'B' et menons par le point D une parallèle à BC. Le triangle ADE sera semblable à ABC (th. 4). Mais l'angle D étant égal à B, et B étant égal à B', les deux triangles ADE, A'B'C' ont un côté égal adjacent à deux angles égaux et sont égaux. Donc A'B'C' est semblable à ABC.

THÉORÈME III.

Deux triangles qui ont les côtés proportionnels sont semblables (Pl. IV, fig. 7).

Soit les triangles ABC, A'B'C' tels que les rapports $\frac{A'B'}{AB} = \frac{A'C'}{AC} = \frac{B'C'}{BC} = \frac{s}{s}$. Prenons sur AB la quantité AD = A'B' et par le point D menons DE, parallèle à BC. Le triangle ADE est semblable à ABC, donc on aura $\frac{AD}{AB} = \frac{AE}{AC} = \frac{DE}{BC}$. Mais AD étant égal à A'B', est les $\frac{s}{s}$ de AB; donc AE et DE sont les $\frac{s}{s}$ de AC et BC; donc ils sont égaux à A'C' et B'C', et les deux triangles ADE, A'B'C' sont égaux comme ayant les trois côtés égaux. Donc A'B'C' est semblable à ABC.

THÉORÈME IV.

Deux triangles qui ont un angle égal compris entre côtés proportionnels sont semblables (Pl. IV, fig. 7).

Soit les deux triangles ABC, A'B'C' dans lesquels $A = A'$ et $\frac{A'B'}{AB} = \frac{A'C'}{AC} = \frac{s}{s}$; prenons toujours sur AB la quantité AD = A'B' et menons DE parallèle à BC. Le triangle ADE

sera semblable à ABC, donc $\frac{AD}{AB} = \frac{AE}{AC}$, mais AD étant égal
à A'B', est les $\frac{5}{8}$ de AB, donc AE est les $\frac{5}{8}$ de AC, et par
suite égal à A'C'. Donc les deux triangles ADE, A'B'C' sont
égaux comme ayant un angle égal compris entre côtés
égaux. Donc A'B'C' est semblable à ABC.

THÉORÈME V.

Deux triangles qui ont les côtés parallèles ou perpendicu-
laires sont équiangles et semblables.

Soit A, B, C les angles du premier triangle : A', B', C',
les angles du second dont les côtés sont respectivement
parallèles ou perpendiculaires aux côtés des angles A, B, C.
On a vu que ces angles doivent être égaux ou supplémentaires. Je dis que deux angles quelconques du second
triangle ne peuvent être simultanément suppléments de deux
angles du premier.

Car si on pouvait avoir $A + A' = 2^d$ et $B + B' = 2^d$, on
en conclurait, en faisant la somme, que les quatre angles
$A + A' + B + B'$ vaudraient quatre angles droits, et
comme la somme des angles d'un triangle vaut deux droits,
il s'ensuivrait que $A + A' + B + B'$ devrait égaler

$$(A + B + C) + (A' + B' + C').$$

Il faudrait donc que $C + C'$ fût nul, et alors il n'y aurait
pas, à proprement parler, de triangle.

Ainsi les deux triangles auront deux angles égaux, et les
troisièmes angles le seront forcément; donc ces triangles
sont semblables.

REMARQUE. — Quand deux triangles ont les côtés parallèles ou perpendiculaires, les côtés homologues sont ceux
qui sont parallèles ou perpendiculaires.

THÉORÈME VI.

Deux polygones semblables sont décomposables en un même nombre de triangles semblables et semblablement placés (Pl. V, fig. 1).

Soit les deux polygones semblables ABCDE, *abcde.* Joignons les deux sommets homologues B et *b* à tous les autres. Ces droites décomposeront les deux polygones en un même nombre de triangles disposés de la même manière. Je dis qu'ils sont semblables.

Les triangles ABE, *abe* ont l'angle A égal à *a*, par hypothèse et les rapports $\frac{ab}{AB}$, $\frac{ae}{AE}$ sont égaux aussi par hypothèse. Ces triangles sont donc semblables (th. 4). On en conclut que l'angle AEB = *aeb* et que les rapports $\frac{be}{BE}$, $\frac{ae}{AE}$ sont aussi égaux.

Mais le rapport $\frac{ae}{AE}$ est par hypothèse égal au rapport $\frac{cd}{CD}$ et aussi l'angle AED = *aed.* Donc

$$AED - AEB = aed - aeb \text{ ou } BED = bed.$$

Donc les deux triangles BED, *bed* ont aussi un angle égal compris entre côtés proportionnels et sont semblables.

On déduirait de la même manière de la similitude de ceux-ci la similitude des deux triangles qui suivent et ainsi de suite. Donc le théorème est démontré.

THÉORÈME VII.

Réciproquement, deux polygones composés d'un même nombre de triangles semblables et disposés dans le même ordre sont semblables (Pl. V, fig. 1).

Soit les polygones ABCDE, *abcde*, que nous supposerons composés d'un même nombre de triangles semblables et situés dans le même ordre, je dis qu'ils sont semblables. D'abord leurs angles sont égaux, soit comme faisant partie de deux triangles semblables; tels sont les angles A et *a*, soit comme composés d'angles partiels égaux comme étant homologues dans deux triangles semblables. Tels sont les angles AED, *aed* qui se composent de AEB + BED et de *aeb* + *bed*, angles respectivement égaux comme appartenant aux triangles semblables AEB, *aeb* ou BED, *bed*. En second lieu leurs côtés homologues sont proportionnels.

Car les triangles semblables ABE, *abe* donnent

$$\frac{ab}{AB} = \frac{ae}{AE} = \frac{be}{BE}.$$

et les triangles suivants BED, *bed* donnent

$$\frac{be}{BE} = \frac{bd}{BD} = \frac{ed}{ED}$$

et ainsi de suite. Donc on aura une suite de rapports égaux établissant que les lignes qui, dans des polygones semblables, joignent deux sommets homologues sont dans le rapport des côtés homologues, soit que ces lignes entrent dans les polygones comme côtés ou diagonales.

Les périmètres de deux polygones semblables sont dans le même rapport que les côtés homologues (Pl. V, fig. 1).

Si les deux polygones ABCDE, *abcde* sont semblables, on aura la suite de rapports égaux

$$\frac{ab}{AB} = \frac{ae}{AE} = \frac{de}{DE} = \frac{dc}{DC} = \frac{bc}{BC}.$$

Appliquons à cette suite ce théorème d'Arithmétique, savoir : *Dans une suite de rapports égaux, la somme des numérateurs divisée par celle des dénominateurs donne un rapport égal aux autres.* La somme des numérateurs est le périmètre de l'un des polygones, la somme des dénominateurs est le périmètre du second.

Donc les périmètres sont dans le même rapport que les côtés homologues.

VINGT-TROISIÈME ET VINGT-QUATRIÈME LEÇONS.

Définition.

On nomme *projection* d'une ligne sur une autre, la partie de cette dernière, comprise entre les perpendiculaires abaissées des extrémités de la première sur la seconde ; cette définition suppose nécessairement que la ligne projetée a une longueur finie et que l'autre est indéfinie. Quand la première droite a une de ses extrémités sur la seconde, la projection de la première est la partie de la seconde comprise entre cette extrémité et la perpendiculaire abaissée de l'autre extrémité, sur la droite indéfinie.

Par exemple, PQ est la projection de la droite AB sur la ligne indéfinie XY, et CQ est la projection de BC sur la même ligne indéfinie (Pl. V, fig. 2).

THÉORÈME I.

Si du sommet de l'angle droit d'un triangle rectangle on mène une perpendiculaire à l'hypoténuse (Pl. V, fig. 3),

1° Chaque côté de l'angle droit sera moyen proportionnel entre l'hypoténuse et sa projection sur l'hypoténuse;

2° La perpendiculaire sera moyenne proportionnelle entre les projections des deux côtés sur l'hypoténuse.

Soit BAD un triangle rectangle en A et soit AC la perpendiculaire à BD.

Le triangle rectangle BAD est semblable à BAC comme ayant l'angle aigu B commun. Le triangle CAD est aussi semblable à BAD comme ayant l'angle aigu D commun. Prenant les rapports des côtés homologues on aura

$$\frac{BD}{AB} = \frac{AB}{BC} \text{ et aussi } \frac{BD}{AD} = \frac{AD}{CD}.$$

Ce qui démontre la première partie du théorème.

Les deux triangles partiels BAC, CAD étant semblables au triangle BAD le sont entr'eux, et prenant le rapport des côtés homologues, on aura $\frac{BC}{AC} = \frac{AC}{CD}$. Ce qui prouve la seconde partie.

Corollaire. — Puisque $\frac{BD}{AB} = \frac{AB}{BC}$ et que $\frac{BD}{AD} = \frac{AD}{CD}$ on aura $\overline{AB}^2 = BD \times \overline{BC}^2$ et $\overline{AD}^2 = BD \times CD$. Donc en ajoutant ces deux égalités on aura

$$\overline{AB}^2 + \overline{AD}^2 = BD \times BC + BD \times CD = BD \times (BC + CD) = BD \times BD = \overline{BD}^2$$

Ce qui démontre que le carré du nombre qui exprime l'hypoténuse d'un triangle rectangle est égal à la somme des carrés des nombres qui expriment les côtés de l'angle droit.

Cette propriété, connue sous le nom de théorème de Pythagore, est particulière au triangle rectangle. C'est ce que l'on établit par les deux théorèmes suivants.

THÉORÈME II.

Le carré du nombre qui exprime le côté d'un triangle opposé à un angle aigu est égal à la somme des carrés des nombres qui expriment les deux autres côtés moins le double produit du nombre qui exprime l'un de ces côtés par le nombre qui exprime la longueur de la projection de l'autre côté sur celui-là (Pl. V, fig. 4).

Soit C un angle aigu du triangle ABC, projetons AC sur BC, il pourra arriver que la perpendiculaire AH tombe au dedans ou au dehors du triangle.

Dans le premier cas, le triangle rectangle ABH donne

$$\overline{AB}^2 = \overline{AH}^2 + \overline{BH}^2.$$

Mais BH = BC — CH, donc $\overline{BH}^2 = (BC - CH) \times (BC - CH)$. Pour faire cette multiplication, nous multiplierons BC — CH par BC, et nous en retrancherons le produit de BC — CH, multiplié par CH. Le premier produit est $\overline{BC}^2 - BC \times CH$,

6

et le second est $BC \times CH - \overline{CH}{}^2$; si le second produit était $BC \times CH$, la différence serait

$$\overline{BC}{}^2 - BC \times CH - BC \times CH,$$

c'est-à-dire $\overline{BC}{}^2$, diminué de deux fois $BC \times CH$, ce que l'on peut écrire $\overline{BC}{}^2 - 2BC \times CH$. Mais le produit à retrancher devant être diminué de $\overline{CH}{}^2$, le résultat de la soustraction augmente de la même quantité, et sera par conséquent $\overline{BC}{}^2 - 2BC \times CH + \overline{CH}{}^2$, ce qui équivaut à $\overline{BC}{}^2 + \overline{CH}{}^2 - 2BC \times CH$. Substituant cette valeur dans l'expression trouvée plus haut pour $\overline{AB}{}^2$ on aura

$$\overline{AB}{}^2 = \overline{AH}{}^2 + \overline{BC}{}^2 + \overline{CH}{}^2 - 2BC \times CH.$$

Mais puisque ACH est un triangle rectangle,

$$\overline{AH}{}^2 + \overline{CH}{}^2 = \overline{AC}{}^2;$$

de sorte que la valeur précédente peut s'écrire

$$\overline{AB}{}^2 = \overline{AC}{}^2 + \overline{BC}{}^2 - 2BC \times CH.$$

Dans le second cas, $\overline{AB'}{}^2 = \overline{AH}{}^2 + \overline{B'H}{}^2$.

Mais $\overline{B'H}{}^2 = (CH - B'C) \times (CH - B'C)$.

On démontrerait, comme pour le cas précédent, que ce produit équivaut à

$$\overline{CH}{}^2 - 2B'C \times CH + \overline{B'C}{}^2.$$

Substituant cette valeur dans l'expression de $\overline{AB'}{}^2$, on aura

$$\overline{AB'}{}^2 = \overline{AH}{}^2 + \overline{CH}{}^2 + \overline{B'C}{}^2 - 2B'C \times CH;$$

mais puisque ACH est un triangle rectangle

$$\overline{AH}^2 + \overline{CH}^2 = \overline{AC}^2,$$

de sorte que la valeur précédente peut s'écrire

$$\overline{AB'}^2 = \overline{AC}^2 + \overline{B'C}^2 - 2B'C \times CH.$$

THÉORÈME III.

Le carré du nombre qui exprime le côté d'un triangle opposé à un angle obtus est égal à la somme des carrés des nombres qui expriment les deux autres côtés, plus le double produit de l'un d'eux par le nombre exprimant la longueur de la projection de l'autre côté sur celui-là (Pl. V, fig. 4).

Soit AB'C un triangle où l'angle B' est obtus. Je projette AB' sur B'C, par la perpendiculaire AH qui tombera nécessairement hors du triangle. Le triangle rectangle ACH donne $\overline{AC}^2 = \overline{AH}^2 + \overline{CH}^2$, mais CH = B'C + B'H; donc d'après la formation du carré de la somme de deux nombres, $\overline{CH}^2 = \overline{B'C}^2 + \overline{B'H}^2 + 2B'C \times B'H$.

Cette valeur étant substituée dans l'expression de $\overline{AC}^2$, on aura $\overline{AC}^2 = \overline{AH}^2 + \overline{B'H}^2 + \overline{B'C}^2 + 2B'C \times B'H$; mais puisque AB'H est un triangle rectangle,

$$\overline{AH}^2 + \overline{B'H}^2 = \overline{AB'}^2,$$

de sorte que la valeur précédente peut s'écrire

$$\overline{AC}^2 = \overline{AB'}^2 + \overline{B'C}^2 + 2B'C \times B'H.$$

THÉORÈME IV.

Si par un point pris dans le plan d'un cercle, on mène deux sécantes à ce cercle, le produit des distances de ce point aux deux points d'intersection de chaque sécante avec le cercle est constant, quelle que soit la direction de chaque sécante. (Pl. V, fig. 10).

Il y a deux cas à distinguer :

1° Le point est dans l'intérieur du cercle ; soit donc AB, CD deux sécantes se coupant en H dans un cercle, tirons AC, BD. Les angles A et D sont égaux, car ils sont inscrits et comprennent le même arc; il en est de même des angles B et C et les angles en H sont opposés au sommet. Ces triangles sont semblables, et les côtés homologues donneront $\frac{AH}{DH} = \frac{CH}{BH}$ ou bien $AH \times BH = CH \times DH$. Ce qu'il fallait démontrer.

2° Le point est extérieur au cercle (Pl. V, fig. 6).

Soient les sécantes HBA et HDC. Tirons AD et BC : les deux triangles ADH et BCH sont semblables comme ayant l'angle H commun, et l'angle A égal à l'angle C, puisque chacun d'eux a pour mesure la moitié de l'arc BD; alors la comparaison des côtés homologues donne $\frac{AH}{CH} = \frac{DH}{BH}$, et on en déduit $AH \times BH = DH \times CH$.

REMARQUE. — Les démonstrations précédentes étant indépendantes de l'angle des sécantes, on peut supposer que l'une d'elles tourne autour de H jusqu'à ce que les points A et B se confondent; la sécante devient alors tangente et on arrive à cette propriété : $AH \times AH$, ou $\overline{AH}^2 = DH \times CH$, propriété que nous allons démontrer directement dans le théorème suivant.

85

THÉORÈME V.

Si, par un point extérieur à un cercle on mène une tangente et une sécante, la tangente est moyenne proportionnelle entre la sécante entière et sa partie extérieure (Pl. V, fig. 7).

Soit HA et HCD une tangente et une sécante partant du même point H extérieur au cercle. Joignons le point de contact A aux points C et D de rencontre de la sécante avec le cercle. Les triangles ACH, ADH sont semblables comme ayant l'angle H commun et les angles D, CAH égaux, puisqu'ils sont mesurés tous deux par la moitié de l'arc AC. Les côtés homologues donnent donc $\frac{CH}{AH} = \frac{AH}{DH}$.

VINGT-CINQUIÈME ET VINGT-SIXIÈME LEÇONS.

PROBLÈME I.

Diviser une droite en parties égales (Pl. V, fig. 8).

Soit à diviser la droite AB en cinq parties égales.

Traçons une ligne indéfinie AX et portons sur cette ligne, à partir du point A, cinq distances arbitraires égales entre elles. Joignons le dernier point G ainsi obtenu au point B et menons FI parallèle à BG. Cette parallèle coupera AB au point I et BI sera la cinquième partie de AB. Car dans le triangle ABG, FI étant parallèle à BG, comme FG est la cinquième partie de AG, BI est le cinquième de AB. On peut se dispenser de mener la parallèle ou du moins on peut l'obtenir plus simplement en portant sur AX une sixième distance GX égale aux cinq premières et menant BX que l'on prolonge d'une quantité égale BH, on tire FH qui rencontre AB au point I.

Pour légitimer cette construction, il suffit de remarquer que dans le triangle FHX, les points B et G étant les milieux de FX et de HX, la droite BG est parallèle à FH.

Cette construction résout aussi le problème. *Étant donné, un point B dans l'intérieur de l'angle HFX, mener par ce point une droite telle que les portions comprises entre ce point et les côtés de l'angle soient égales.*

Il suffira de mener BG parallèle à FH, prendre GX = FG et tirer XBH.

La démonstration en est déjà faite.

PROBLÈME II.

Partager une droite donnée en parties proportionnelles à des lignes données (Pl. V, fig. 9).

Soit la droite AH à partager en parties proportionnelles aux droites a, b, c. Par le point A on trace une droite indéfinie sur laquelle on porte a de A en C, b de C en D, et c de D en B. Puis on tire BH et on mène CI et DK parallèles à BH, et la ligne AH est ainsi partagée de la manière demandée.

En effet CI étant parallèle à DK, dans le triangle ADK, on a $\frac{AI}{AC} = \frac{IK}{CD} = \frac{AK}{AD}$ et DK étant parallèle à BH dans le triangle ABH, on a $\frac{AK}{AD} = \frac{KH}{BD}$; donc $\frac{AI}{AC} = \frac{IK}{CD} = \frac{KH}{BD}$, c'est-à-dire $\frac{AI}{a} = \frac{IK}{b} = \frac{KH}{c}$.

On emploierait la même construction pour partager une droite donnée en parties proportionnelles à des nombres donnés, il suffirait de prendre AC, CD, DB égaux à une ligne arbitraire répétée autant de fois que l'indiqueraient les nombres donnés qu'on peut toujours ramener à être entiers.

PROBLÈME III.

Trouver une quatrième proportionnelle à trois droites données (Pl. V, fig. 10).

Ce qui signifie trouver une ligne telle que le rapport de deux droites données soit égal au rapport de la troisième droite donnée à celle cherchée.

Soit donc a, b, c, les droites données.

Je trace un angle quelconque YAX. Sur le côté AX je porte $AD = a$, $DE = b$, sur le côté AY je porte $AF = c$. Je tire DF et par le point E je mène EG parallèle à DF. On a dans le triangle EAG, à cause de cette parallèle, l'égalité des rapports $\frac{AD}{DE} = \frac{AF}{FG}$, et comme les lignes AD, DE, AF sont les lignes données, FG est la quatrième cherchée.

On aurait pu, au lieu de porter les lignes l'une après l'autre, les porter l'une sur l'autre à partir du point A : on aurait pu aussi trouver la quatrième proportionnelle au moyen du théorème des sécantes au cercle.

Ce problème peut être vérifié numériquement, en mesurant avec le mètre chacune des longueurs données et la longueur trouvée.

88

PROBLÈME IV.

Trouver une moyenne proportionnelle entre deux lignes données (Pl. V, fig. 2).

Soit *a* et *b* les deux lignes données. Sur une ligne indéfinie je porte la distance AC = *a*, la distance CB = *b*. Sur AB, comme diamètre, je trace un cercle ou un demi-cercle, et par le point C j'élève la perpendiculaire CD au diamètre coupant le cercle en D. C'est la moyenne cherchée. Car si on tire DA, DB, le triangle ADB sera rectangle, puisque l'angle D est inscrit dans un demi-cercle, et on sait que la perpendiculaire menée du sommet sur l'hypoténuse est moyenne entre les deux segments qui par construction sont les lignes données.

On aurait pu opérer autrement ; soit *c* et *d* les lignes données, je prends sur une ligne indéfinie une distance AB égale à la plus grande des lignes données et je prends AC sur cette ligne égale à la ligne *d*; je décris sur AB, comme diamètre, une demi-circonférence. Par le point C, j'élève à AB la perpendiculaire CD, qui coupe le cercle en D, et je joins DA qui sera la moyenne cherchée, puisque dans le triangle rectangle ADB le côté AD doit être moyen proportionnel entre l'hypoténuse et sa projection sur l'hypoténuse.

REMARQUE. — Les deux constructions précédentes conduisent à deux propriétés du cercle, que l'on peut énoncer de la manière suivante :

Une perpendiculaire menée d'un point d'une circonférence sur un diamètre, est moyenne proportionnelle entre les deux segments du diamètre;

Une corde d'un cercle est moyenne proportionnelle entre le diamètre qui passe par une de ses extrémités et sa projection sur ce diamètre.

Construire, sur une droite donnée, un polygone semblable à un polygone donné (Pl. V, fig. 12).

Si le polygone donné est un triangle ABC et que la droite donnée soit A'B' homologue de AB, on pourra s'appuyer sur l'un quelconque des cas de similitude connus.

Ainsi on pourra faire au point A' un angle égal à l'angle A, et au point B' un angle égal à l'angle B; le triangle A'B'C' sera le triangle demandé.

Si on veut construire sur *ab* (Pl. V, fig. 14), comme homologue de AB, un polygone semblable à ABCDF, on décomposera le polygone ABCDF en triangles, au moyen des diagonales AC, AD, puis sur *ab*, on fera le triangle *abc* semblable à AB, ensuite sur *ac*, on fera le triangle *acd* semblable à ACD, et sur *ad*, on fera le triangle *adf* semblable à ADF. Le polygone *abcdf* sera semblable à ABCDF, ces deux polygones étant composés d'un même nombre de triangles semblables et semblablement disposés.

VINGT-SEPTIÈME LEÇON.

Définitions.

1. On nomme *polygone régulier* tout polygone dont les angles et les côtés sont égaux entr'eux.

2. Ainsi le triangle équilatéral, le carré sont des polygones réguliers.

3. Il y a des polygones réguliers d'un nombre quelconque de côtés, car on conçoit que la circonférence d'un cercle puisse être partagée en un nombre quelconque de parties égales; alors si on joint entr'eux tous ces points de division, on aura un polygone régulier, car tous ses côtés seront égaux comme cordes d'arcs égaux, et tous les angles seront égaux comme inscrits, interceptant, entre leurs côtés, toute la circonférence moins deux divisions.

THÉORÈME 1.

Tout polygone régulier peut être inscrit ou circonscrit au cercle ou un cercle peut être circonscrit ou inscrit à un polygone régulier (Pl. V, fig. 13).

Soit ABCDF un polygone régulier, et soit O le centre d'un cercle passant par les trois points A, B, C; je dis qu'il passera par le sommet suivant D. Joignons le point O à ces quatre sommets et menons OH perpendiculaire à BC. Si l'on fait tourner le quadrilatère OABH autour de OH, les angles en H étant droits, BH prendra la direction de HC, et comme le point H est d'ailleurs le milieu de BC, ce point B tombera en C, mais l'angle ABH est égal à HCD comme angle du polygone régulier; donc BA prendra la direction CD, et comme BA = CD, le point A tombera en D et OA = OD. Donc la circonférence passe en D.

On démontrerait de même qu'elle passe par tous les autres sommets.

En second lieu, si on observe que tous les côtés de ce polygone inscrit sont des cordes égales et également éloignées du centre, les perpendiculaires menées du centre sur chaque côté sont égales. Donc, si, avec OH pour rayon, on trace une circonférence concentrique, cette circonférence passera par le milieu de chaque côté et lui sera tangente en ce point.

REMARQUE 1. — Le centre commun des circonférences circonscrites et inscrites à un polygone régulier est dit le centre du polygone. Le rayon de la circonférence inscrite prend quelquefois le nom d'*apothème.*

REMARQUE 2. — Si on joint le centre d'un polygone à tous les sommets, on obtient autant de triangles qu'il y a de côtés, et ces triangles étant égaux comme ayant les trois côtés égaux, on en conclut que tout rayon mené à un sommet partage l'angle en deux parties égales, et que les angles formés par tous ces rayons sont égaux entr'eux. Ces angles sont appelés *angles au centre* du polygone régulier.

THÉORÈME II.

Deux polygones réguliers d'un même nombre de côtés sont des figures semblables (Pl. IV, fig. 1).

Soit ABCDEF, *abcdef,* deux polygones réguliers d'un même nombre de côtés. Soit P et *p* leurs centres. Joignons-les à tous les sommets. Tous les triangles ainsi obtenus sont semblables, car les angles APB, *apb* sont égaux comme étant la même fraction de quatre angles droits, et le rapport de $\frac{AP}{BP}$ est le même que celui de $\frac{ap}{bp}$, puisque chacun de ces rapports est égal à l'unité.

COROLLAIRE 1. — Les périmètres des polygones considérés sont donc dans le même rapport que les côtés, et en vertu de la similitude des triangles ABP et *abp,* les côtés sont dans le même rapport que les rayons AP et *ap.*

Donc, les périmètres de deux polygones réguliers sont

dans le même rapport que les rayons des cercles circonscrits, si le nombre des côtés est le même. Menons les apothèmes PH, *ph*; les triangles rectangles APH, *aph* seront semblables comme ayant un angle aigu égal; donc le rapport des rayons des cercles circonscrits est le même que celui des rayons des cercles inscrits.

Donc le rapport des périmètres de deux polygones réguliers d'un même nombre de côtés est le même que le rapport des rayons des cercles qui leur sont circonscrits ou inscrits.

THÉORÈME III.

Deux circonférences sont entr'elles comme leurs rayons.

Les périmètres de deux polygones réguliers d'un même nombre de côtés inscrits dans ces circonférences étant dans le rapport des rayons, et cette proposition ne cessant pas d'être vraie, quelque petits que soient les côtés de ces polygones, on peut supposer ces côtés moindres qu'une quantité donnée, quelque petite qu'elle soit. Mais la circonférence du cercle est la limite vers laquelle tend le périmètre d'un polygone inscrit à mesure que ses côtés diminuent.

Il en résulte que deux circonférences de cercle sont dans le même rapport que les rayons ou que les diamètres; ce qui revient à dire que le rapport d'une circonférence à son diamètre est le même que celui d'une autre circonférence à son diamètre, ou, en d'autres termes, que le rapport d'une circonférence à son diamètre est un nombre constant.

Ce nombre se désigne par la lettre π.

VINGT-HUITIÈME ET VINGT-NEUVIÈME LEÇONS.

PROBLÈME I.

Inscrire un carré dans un cercle (Pl. VI, fig. 2).

Soit O le centre du cercle donné. Je mène deux diamètres perpendiculaires entr'eux AC et BD qui coupent la circonférence aux quatre points A, B, C, D que je joins entr'eux; la figure ainsi formée est un carré. Car tous les angles en sont droits comme inscrits dans un demi-cercle, et les côtés sont égaux, car les angles en O étant droits, interceptent sur la circonférence des arcs égaux, dont les cordes sont égales.

REMARQUE 1. — Le triangle rectangle isoscèle AOC donne $\overline{AC}^2 = 2\overline{AO}^2$, ou $\dfrac{\overline{AC}^2}{\overline{AO}^2} = 2$, ou $\dfrac{AC}{AO} = \sqrt{2}$; le rapport du côté du carré inscrit dans un cercle au rayon de ce cercle est égal à la quantité incommensurable $\sqrt{2}$.

REMARQUE 2. — Si du point O on mène un rayon perpendiculaire à AB, ce rayon coupera l'arc AB en deux parties égales au point I, et par suite, en joignant AI, on aura le côté de l'octogone régulier inscrit. Répétant sur ce polygone la construction précédente, on pourra inscrire le polygone régulier de seize côtés, ainsi de suite, en doublant indéfiniment le nombre des côtés.

Inscrire, dans un cercle, un hexagone régulier (Pl. VI, fig. 3).

Supposons le problème résolu, et soit AB le côté de l'hexagone régulier inscrit. Tirons AO et BO; il y aura, en joignant le point O à tous les sommets, 6 angles égaux formés autour de ce point, et leur somme valant 4 droits, l'un d'eux vaudra $\frac{4}{6}$ d'angle droit ou $\frac{2}{3}$. Mais le triangle BAO est isoscèle, et puisque ses trois angles valent deux droits ou $\frac{6}{3}$, les deux angles ABO, BAO valent ensemble $\frac{4}{3}$, et puisqu'ils sont égaux, ils valent chacun $\frac{2}{3}$; alors le triangle est équilatéral, et le côté de l'hexagone régulier inscrit est égal au rayon du cercle.

REMARQUE 1. — Si, ayant porté le rayon sur la circonférence six fois de suite, on joint les points obtenus de deux en deux, on inscrira le triangle équilatéral. Joignons donc AC; AC sera le côté du triangle équilatéral inscrit. Puisque AB est égal au rayon, le triangle ABO est équilatéral; mais le rayon OB partageant l'arc ABC en deux parties égales, est perpendiculaire au milieu de la corde AC. Réciproquement, AD est perpendiculaire à OB, et le point D est le milieu de OB. Mais le triangle rectangle ABD donne $\overline{AB}^2 = \overline{AD}^2 + \overline{BD}^2$, d'où on tire

$$\overline{AD}^2 = \overline{AB}^2 - \overline{BD}^2, \text{ ou } \overline{AD}^2 = \overline{BO}^2 - \overline{BD}^2;$$

multipliant par 4, on trouve $4\overline{AD}^2 = 4\overline{BO}^2 - 4\overline{BD}^2$, mais comme $AC = 2AD$ et $BO = 2BD$, $\overline{AC}^2 = 4\overline{AD}^2$ et $\overline{BO}^2 = 4\overline{BD}^2$; par suite, $\overline{AC}^2 = 4\overline{BO}^2 - \overline{BO}^2 = 3\overline{BO}^2$,

d'où
$$\frac{\overline{AC}^2}{\overline{BO}^2} = 3 \text{ et } \frac{AC}{BO} = \sqrt{3}.$$

Ce qui signifie que le rapport du côté du triangle équilatéral inscrit au rayon est incommensurable et égal à $\sqrt{3}$.

REMARQUE 2. — En répétant aussi sur l'hexagone la construction indiquée dans la remarque 2 du problème précédent, on pourra inscrire les polygones dont le nombre de côtés va toujours en doublant.

PROBLÈME III.

Connaissant le côté d'un polygone régulier inscrit, calculer le côté du polygone régulier inscrit d'un nombre double de côtés (Pl. II, fig. 40).

Soit AB le côté d'un polygone régulier ; si on divise l'arc AB en deux parties égales au point C, la ligne AC sera le côté du polygone régulier inscrit d'un nombre double de côtés.

La corde AC étant moyenne proportionnelle entre le diamètre CI qui passe par une de ses extrémités et sa projection CD sur ce diamètre, on a $\overline{AC}^2 = CI \times CD$.

D'un autre côté la perpendiculaire AD, abaissée d'un point de la circonférence sur un diamètre, étant moyenne proportionnelle entre les deux segments du diamètre, on a $\overline{AD}^2 = DI \times CD$.

Si l'on divise membre à membre, la première égalité

par la seconde, et si l'on supprime le facteur commun CD,

il vient $\dfrac{\overline{AC}^2}{\overline{AD}^2} = \dfrac{CI}{DI}$.

Mais la longueur DI est la somme du rayon OI et de la partie OD, qui est égale à $\sqrt{\overline{OA}^2 - \overline{AD}^2}$.

On a donc, en remplaçant DI par sa valeur,

$$\frac{\overline{AC}^2}{\overline{AD}^2} = \frac{CI}{OI + \sqrt{\overline{OA}^2 - \overline{AD}^2}}.$$

Si l'on désigne par R le rayon OI ou OA du cercle, et par a la longueur connue du côté AB, l'égalité précédente pourra s'écrire

$$\frac{\overline{AC}^2}{\overline{AD}^2} = \frac{2R}{R + \sqrt{R^2 - \dfrac{a^2}{4}}}.$$

Cette formule donne le moyen d'évaluer AC, quand on connaît le rayon R et le côté AB.

PROBLÈME IV.

Évaluer le rapport approché de la circonférence au diamètre.

Nous avons vu dans la vingt-septième leçon que le rapport d'une circonférence à son diamètre est un nombre constant ; ce nombre est incommensurable. Je vais indiquer une manière de l'évaluer approximativement.

Cette méthode consiste à calculer le périmètre d'un polygone régulier de quatre côtés, inscrit dans un cercle de rayon donné, et à en déduire, à l'aide de la formule établie dans le problème précédent, successivement les périmètres des polygones réguliers de 8, 16, 32..... côtés,

inscrits dans le même cercle. Il est clair que ces périmètres iront en augmentant et en se rapprochant de plus en
plus de la circonférence. Si, afin de simplifier les calculs, on
suppose que le diamètre du cercle soit égal à l'unité de
longueur, les nombres que l'on trouvera, et qui se rappro-
cheront de plus en plus de la longueur de la circonférence,
donneront aussi une valeur de plus en plus approchée du
rapport de la circonférence au diamètre.

Désignons par a_4, a_8, a_{16},... les côtés des polygones
réguliers de 4, 8, 16... côtés inscrits dans le cercle dont le
diamètre est égal à 1, et par p_4, p_8, p_{16}....., les périmètres
de ces mêmes polygones; a_n représentera d'une manière
générale le côté du polygone régulier inscrit de n côtés ;
p_n représentera le périmètre du même polygone, et
p_{2n} celui du polygone régulier d'un nombre de côtés
double.

AB étant le côté dont la longueur est représentée par
a_n, la longueur de AB, répétée n fois, donne le périmètre
p_n, de sorte que $p_n = AB \times n$, ou $p_n = AD \times 2n$, et
comme la longueur de AC, répétée $2n$ fois, donne le périmètre p_{2n}, on aura $p_{2n} = AC \times 2n$; d'où on tire

$$\frac{p_{2n}}{p_n} = \frac{AC}{AD}, \text{ et } \frac{p_{2n}^2}{p_n^2} = \frac{\overline{AC}^2}{\overline{AD}^2};$$

remplaçant $\frac{\overline{AC}^2}{\overline{AD}^2}$ par sa valeur établie dans le problème
précédent on aura

$$\frac{p_{2n}^2}{p_n^2} = \frac{2R}{R + \sqrt{R^2 - \frac{a_n^2}{4}}},$$

7

d'où l'on déduit

$$p_{2n}^2 = \frac{p_n^2 \times 2R}{R + \sqrt{R^2 - \dfrac{a_n^2}{4}}}.$$

Puisque le diamètre est pris pour unité, $2R=1, R=0,5,$ $R^2 = 0,25$; la formule précédente devient par conséquent

$$p_{2n}^2 = \frac{p_n^2}{0,5 + \sqrt{0,25 - \dfrac{a_n^2}{4}}}.$$

Le rapport entre le côté du carré inscrit et le rayon étant égal à $\sqrt{2}$, on doit avoir $a_4 = 0,5\sqrt{2}$, d'où

$$p_4 = 2 \times \sqrt{2}, \text{ et } p_4^2 = 4 \times 2 = 8, \ a_4^2 = 0,25 \times 2,$$

et

$$\frac{a_4^2}{4} = \frac{0,25}{2} = 0,125.$$

On doit donc avoir

$$p_8^2 = \frac{8}{0,5 + \sqrt{0,25 - 0,125}},$$

c'est-à-dire

$$p_8^2 = \frac{8}{0,5 + \sqrt{0,125}}.$$

Calculant par logarithmes, on aura $log.\ 12,5 = 1,09694,$ d'où $log.\ \sqrt{12,5} = 0,54846,$ et par conséquent,

$$\sqrt{12,5} = 3,5356,$$

d'où $\qquad p_8{}^2 = \dfrac{8}{0,5 + 0,35356} = \dfrac{8}{0,85356}.$

Or
$$log.\ 80 = 1,90309$$
$$log.\ 8,5356 = 0,93123$$
$$\overline{\qquad\qquad\qquad}$$
$$log.\ p_8{}^2 = 0,97186$$

On a besoin pour continuer le calcul, de connaître $\dfrac{a_8{}^2}{4}$;

or $a_8 = \dfrac{p_8}{8}$, d'où $a_8{}^2 = \dfrac{p_8{}^2}{64}$, et $\dfrac{a_8{}^2}{4} = \dfrac{p_8{}^2}{256}$;

$$100 \times log.\ p_8{}^2 = 2,97186$$
$$log.\ 256 = 2,40824$$
$$\overline{\qquad\qquad\qquad\qquad}$$
$$100 \times log.\ \dfrac{a_8{}^2}{4} = 0,56362,$$

d'où $\qquad \dfrac{a_8{}^2}{4} = 0,036612.$

Nous aurons donc

$$p_{10}{}^2 = \dfrac{p_8{}^2}{0,5 + \sqrt{0,25 - 0,036612}} = \dfrac{p_8{}^2}{0,5 + \sqrt{0,213388}}$$

Mais $\qquad log.\ 21,3388 = 1,32917,$

d'où $log.\ \sqrt{21,3388} = 0,66458$, et $\sqrt{0,213388} = 0,46193$;

par conséquent $\qquad p_{10}{}^2 = \dfrac{p_8{}^2}{0,96193}.$

$$10 \times log. \ p_8{}^2 = 1,97186$$
$$log. \ 9,6193 = 0,98345$$

$$log. \ p_{16}{}^2 = 0,98871$$

Or, $\qquad a_{16}{}^2 = \dfrac{p_{16}{}^2}{16^2}, \ $ et $\ \dfrac{a_{16}{}^2}{4} = \dfrac{p_{16}{}^2}{1024};$

$$1000 \times log. \ p_{16}{}^2 = 3,98871$$
$$log. \ 1024 = 3,01030$$

$$1000 \times log. \ \dfrac{a_{16}{}^2}{4} = 0,97841, \ \text{d'où} \ \dfrac{a_{16}{}^2}{4} = 0,009515.$$

Donc $\qquad p_{32}{}^2 = \dfrac{p_{16}{}^2}{0,5 + \sqrt{0,240485}};$

mais $\qquad log. \ 24,0485 = 1,38109,$

d'où $\qquad log. \ \sqrt{24,0485} = 0,69055,$

et $\sqrt{0,240485} = 0,4904;$ par conséquent $p_{32}{}^2 = \dfrac{p_{16}{}^2}{0,9904}$

$$10 \times log. \ p_{16}{}^2 = 1,98871$$
$$log. \ 9,904 = 0,99581$$

$$log. \ p_{32}{}^2 = 0,99290$$

$$1000 \times log. \ p_{32}{}^2 = 3,99290$$
$$log. \ 4096 = 3,61236$$

$$1000 \times log. \ \dfrac{a_{32}{}^2}{4} = 0,38054, \ \text{d'où} \ \dfrac{a_{32}{}^2}{4} = 0,002402.$$

Donc $\qquad p_{64}^2 = \dfrac{p_{32}^2}{0,5+\sqrt{0,247598}};$

mais $\qquad log.\ 24,7598 = 1,39375,$

d'où $\qquad log.\ \sqrt{24,7598} = 0,69687,$

et $\sqrt{0,247598} = 0,49759$; par conséquent $p_{64}^2 = \dfrac{p_{32}^2}{0,99759}$

$$10 \times log.\ p_{32}^2 = 1,99290$$
$$log.\ 9,9759 = 0,99895$$
$$\overline{\qquad log.\ p_{64}^2 = 0,99395 \qquad}$$

$$10000 \times log.\ p_{64}^2 = 4,99395$$
$$log.\ 16384 = 4,21442$$
$$\overline{\qquad\qquad\qquad}$$

$10000 \times log.\ \dfrac{a_{64}^2}{4} = 0,77953$, d'où $\dfrac{a_{64}^2}{4} = 0,000602.$

Donc $\qquad p_{128}^2 = \dfrac{p_{64}^2}{0,5+\sqrt{0,249398}};$

mais $\qquad log.\ 24,9398 = 1,39689,$

d'où $\qquad log.\ \sqrt{24,9398} = 0,69845,$

et $\sqrt{0,249398} = 0,4994$; par conséquent $p_{128}^2 = \dfrac{p_{64}^2}{0,9994}$

$$10 \times log.\ p_{64}^2 = 1,99395$$
$$log.\ 9,994 = 0,99974$$
$$\overline{\qquad log.\ p_{128}^2 = 0,99421 \qquad}$$

$$10000 \times log.\ p_{128}^2 = 4{,}99421$$
$$log.\ 66536 = 4{,}82306$$

$$10000 \times log.\ \frac{a_{128}^2}{4} = 0{,}17115, \text{ d'où } \frac{a_{128}^2}{4} = 0{,}000148.$$

Donc $\qquad p_{256}^2 = \dfrac{p_{128}^2}{0{,}5 + \sqrt{0{,}249852}}$;

mais $\qquad log.\ 24{,}9852 = 4{,}39768,$

d'où $\qquad log.\ \sqrt{24{,}9852} = 0{,}69884,$

et $\qquad \sqrt{0{,}249852} = 0{,}49985$;

par conséquent $\qquad p_{256}^2 = \dfrac{p_{128}^2}{0{,}99985}.$

$$10 \times log.\ {}_{128}^2 = 1{,}99421$$
$$log.\ 9{,}9985 = 0{,}99993$$
$$log.\ p_{256}^2 = 0{,}99428$$

$$100000 \times log.\ p_{256}^2 = 5{,}99428$$
$$log.\ 266244 = 5{,}42528$$

$$100000 \times log.\ \frac{a_{256}^2}{4} = 0{,}56900, \text{ d'où } \frac{a_{256}^2}{4} = 0{,}000037.$$

Donc $\qquad p_{512}^2 = \dfrac{p_{256}^2}{0{,}5 + \sqrt{0{,}249963}}$;

mais $\qquad log.\ 24{,}9963 = 4{,}39788,$

d'où $\qquad log.\ \sqrt{24{,}9963} = 0{,}69894,$

et $\qquad \sqrt{0,249963} = 0,49997$;

par conséquent $\qquad p_{512}{}^2 = \dfrac{0,99997}{p_{256}{}^2}.$

$$10 \times log.\ p_{256}{}^2 = 1,99428$$
$$log.\ 9,9997 = 0,99999$$
$$\overline{\qquad\qquad log.\ p_{512}{}^2 = 0,99429.}$$

$$1000000 \times log.\ p_{512}{}^2 = 6,99429$$
$$log.\ 1064976 = 6,02731$$
$$\overline{\qquad 1000000 \times log.\ \dfrac{a_{512}{}^2}{4} = 0,96698,}$$

d'où $\qquad \dfrac{a_{512}{}^2}{4} = 0,000009268.$

Cette valeur de $\dfrac{a_{512}{}^2}{4}$ étant moindre qu'une unité décimale du cinquième ordre, la quantité

$$\sqrt{0,25 - \dfrac{a_{512}{}^2}{4}}$$

ne diffère de 0,25 que d'une valeur moindre qu'une unité décimale du cinquième ordre, et le dénominateur

$$0,5 + \sqrt{0,25 - \dfrac{a_{512}{}^2}{4}}$$

ne différant de l'unité que d'une quantité du même ordre, les tables de Lalande donneraient toujours la même valeur pour les périmètres des polygones réguliers d'un nombre de côtés supérieur à 512. Le périmètre du polygone régulier inscrit de 512 côtés, représente donc la longueur de la circonférence, avec toute l'approximation que comportent les tables de logarithmes à cinq décimales.

Puisque $\qquad log.\ p_{512}{}^2 = 0,99429,$

on aura $log.\ p_{512} = 0,49715$, d'où on tire $p_{512} = 3,1416.$

Par d'autres méthodes, qui sortent de l'enseignement élémentaire, on est parvenu à évaluer ce rapport avec un grand nombre de décimales, et on a trouvé

$$\pi = 3,14159265358979323\ldots\ldots$$

Archimède avait trouvé pour valeur de ce rapport la fraction $\frac{22}{7}$, qui, réduite en décimales, donne $3,142\ldots\ldots$; ainsi la valeur qu'il avait trouvée était un peu trop grande.

Adrien Métius avait trouvé la valeur beaucoup plus approchée $\frac{355}{113}$, qui donne en décimales, $3,1415929\ldots\ldots$

Dans les calculs, il est plus commode de se servir du rapport exprimé en décimales, qui permet d'évaluer les résultats avec le degré d'approximation que l'on désire obtenir.

REMARQUE. — On a, par définition, en représentant par R le rayon d'un cercle et par C la circonférence $\frac{C}{2R} = \pi$, d'où l'on déduit $C = 2\pi R.$

D'après cette formule, on calculera la longueur d'une circonférence dont le rayon sera connu, en multipliant par π le double de ce rayon, et, réciproquement, on calculera le rayon d'une circonférence de longueur connue, en divisant par π la moitié de la circonférence.

LIVRE IV.

MESURE DES AIRES DES FIGURES PLANES.

TRENTIÈME ET TRENTE-UNIÈME LEÇONS.

Définitions.

1. L'*aire* d'une figure plane est le rapport de sa surface à celle qui est prise pour unité.

2. Deux figures sont équivalentes quand elles ont le même rapport avec l'unité de surface, elles peuvent être complètement dissemblables.

THÉORÈME 1.

Le rapport des aires de deux rectangles qui ont la même hauteur est le même que le rapport des bases (Pl. VI, fig. 4).

On prend pour *base* d'un rectangle un côté quelconque, alors le côté perpendiculaire prend le nom de *hauteur ;* on peut donc indifféremment prendre la hauteur pour base et *vice versâ*.

Soit donc ABDC, EFHG deux rectangles de même hauteur AB = EF, je dis que leur rapport est le même que celui des bases AC, EG.

Supposons que ces deux bases aient une mesure commune contenue trois fois dans EG, et cinq fois dans AC; le rapport de EG à AC sera $\frac{3}{5}$.

Menons par tous les points de division des bases, des perpendiculaires à ces bases; elles partageront le rectangle ABCD en cinq rectangles tels que ABIK, et le rectangle EFGH en trois rectangles tels que EFML. Tous ces rectangles sont égaux, puisqu'ils ont un angle droit compris entre côtés égaux.

Donc le rapport du rectangle EFHG au rectangle ABDC est $\frac{3}{5}$, le même que celui des bases.

On démontrerait de même que le rapport des aires de deux rectangles de même base est égal à celui de leurs hauteurs.

Cette proposition étant vraie, quelque petite que soit la commune mesure des bases, est générale.

THÉORÈME II.

Le rapport des aires de deux rectangles quelconques est égal au produit du rapport de leurs bases par le rapport des hauteurs (Pl. VI, fig. 4).

Désignons par R un rectangle dont la base sera B et la hauteur H.

Soit R' un second rectangle dont la base est B' et la hauteur H'.

Concevons un second rectangle R" dont la base sera celle

du premier B et la hauteur celle du second H'. En vertu du théorème précédent le rapport $\frac{R}{R''} = \frac{H}{H'}$ et le rapport $\frac{R''}{R'} = \frac{B}{B'}$; donc $\frac{R \times R''}{R'' \times R'} = \frac{B}{B'} \times \frac{H}{H'}$, ou en simplifiant,

$$\frac{R}{R'} = \frac{B}{B'} \times \frac{H}{H'}$$

THÉORÈME III.

L'aire du rectangle a pour mesure le produit de sa base par sa hauteur en convenant de comparer le rectangle à un carré dont le côté serait l'unité de longueur.

Soit b le nombre qui exprime la base du rectangle évaluée en mètres, h le nombre qui exprime la hauteur, et soit R celui qui exprime l'aire du rectangle évaluée en mètres carrés.

Si on applique le théorème précédent au rectangle et au mètre carré, regardé comme un rectangle ayant un mètre de base et de hauteur, on verra que R représente le rapport des rectangles, b le rapport des bases, h celui des hauteurs et il en résultera $R = b \times h$. Ce qu'il fallait démontrer.

THÉORÈME IV.

L'aire d'un parallélogramme a pour mesure sa base multipliée par sa hauteur (Pl. VI, fig. 5).

La base d'un parallélogramme est un côté quelconque et sa hauteur est la perpendiculaire commune à ce côté et à son parallèle.

Nous allons établir que tout parallélogramme est équivalent au rectangle de même base et de même hauteur.

Soit ABCD un parallélogramme dont BC est la base et AI la hauteur du point D ; j'abaisse DK perpendiculaire sur le prolongement de BC, j'obtiens ainsi le rectangle ADIK qui a pour base IK = AD = BC comme côtés opposés d'un parallélogramme, et qui a pour hauteur AI.

Les deux triangles rectangles ABI, CDK sont égaux, car les hypoténuses sont égales comme côtés opposés d'un parallélogramme et les côtés AI, DK sont égaux par la même raison. Mais le rectangle se compose de la figure ADCI et du triangle CDK, tandis que le parallélogramme se compose de la même figure et du triangle ABI. Ces deux figures sont donc équivalentes, ce qui établit la mesure du parallélogramme.

THÉORÈME V.

L'aire d'un triangle a pour mesure la moitié du produit de sa base par sa hauteur (Pl. VI, fig. 5).

Soit le triangle ABC dont la base est BC et la hauteur AI. Si par les points A et C on mène des parallèles aux côtés opposés, on aura le parallélogramme ABCD, de même base et de même hauteur que le triangle et ce parallélogramme en est le double, car les deux triangles ABC, ADC ont les trois côtés égaux.

Donc la mesure de l'aire du triangle est la moitié de celle du parallélogramme, et comme l'on prend la moitié d'un produit en prenant la moitié de l'un ou l'autre des facteurs, on peut dire aussi :

L'aire d'un triangle est égale au produit de la moitié de sa base par sa hauteur ou par le produit de la moitié de sa hauteur par sa base ;

Deux triangles de même base et de même hauteur sont équivalents, puisqu'ils ont la même mesure.

COROLLAIRE. — Soit T l'aire d'un triangle de base B et de hauteur H, et T' l'aire d'un autre triangle de base B' et de hauteur H', puisque $T = \frac{B \times H}{2}$, et que $T' = \frac{B' \times H'}{2}$, on aura

$$\frac{T}{T'} = \frac{B \times H}{B' \times H'}, \text{ ou } \frac{T}{T'} = \frac{B}{B'} \times \frac{H}{H'}.$$

Si les deux triangles avaient même base, le rapport $\frac{B}{B'}$ serait égal à l'unité, et on aurait $\frac{T}{T'} = \frac{H}{H'}$, ce qui prouve que *le rapport des aires de deux triangles de même base est égal à celui de leurs hauteurs,* et on démontrerait de même que *le rapport des aires de deux triangles de même hauteur est égal à celui de leurs bases.*

Définition.

On nomme *trapèze* un quadrilatère qui a deux côtés parallèles. Ces deux côtés sont appelés les *bases* du trapèze et leur distance est la *hauteur.*

THÉORÈME VI.

L'aire d'un trapèze a pour mesure le produit de sa hauteur par la demi-somme des bases parallèles (Pl. VI, fig. 6).

Soit ABCD un trapèze. Menons la hauteur AE et la diagonale AC : nous décomposons ainsi le trapèze en deux triangles ayant pour bases les bases du trapèze et même hauteur. Le triangle ABC aura pour mesure $\frac{AE}{2} \times BC$; le triangle ACD aura pour mesure $AD \times \frac{AE}{2}$: donc le trapèze aura pour mesure $\frac{AE}{2} \times (BC + AD)$ ou bien

$$AE \times \left(\frac{BC+AD}{2}\right).$$

REMARQUE. — Si par le milieu F du côté AB nous menons FI parallèle aux bases du trapèze, cette ligne passera par le milieu H de AC, puisque $\frac{AF}{FB} = \frac{AH}{HC}$, et aussi par le milieu de CD, puisque HI est parallèle à AD, et que $\frac{AH}{HC} = \frac{DI}{IC}$. Mais à cause des triangles semblables ABC, AHF, la ligne HF est la moitié de BC. De même HI est la moitié de AD. Donc l'aire du trapèze a pour mesure le produit de sa hauteur par la droite qui joint les milieux des côtés non parallèles.

PROBLÈME.

Mesurer l'aire d'un polygone.

Première méthode. — Joignons un sommet à tous les autres. Nous décomposons le polygone en triangles, et, mesurant dans chaque triangle la base et la hauteur, on obtiendra l'aire de chaque triangle. La somme de toutes ces aires donnera l'aire du polygone.

Deuxième méthode. — Cette méthode est surtout employée sur le terrain quand on peut entrer dans l'intérieur du polygone. Soit ABCDEF un polygone quelconque (Pl. VI, fig. 7). Je trace une diagonale AD et de tous les autres sommets j'abaisse sur cette ligne des perpendiculaires, je décompose ainsi le polygone en triangles et trapèzes rectangles. Il suffira donc de mesurer chacune de ces perpendiculaires et les distances des extrémités de la diagonale à chaque pied des perpendiculaires. On aura ainsi les dimensions nécessaires pour mesurer chaque triangle et chaque trapèze. La somme des aires de toutes ces figures sera l'aire du polygone.

TRENTE-DEUXIÈME LEÇON.

THÉORÈME I.

Le carré fait sur l'hypoténuse d'un triangle rectangle est égal à la somme des carrés faits sur les deux autres côtés de ce triangle (Pl. VI, fig. 12).

Soit ABC un triangle rectangle en B, et soit construit sur l'hypoténuse le carré ACED, sur le côté BC le carré BCHI et sur le côté AB le carré ABKL.

On observera que les côtés BI et BK sont les prolongements de AB, BC.

Du point B, sommet de l'angle droit, menons la ligne BFG perpendiculaire à AC et DE; joignons LC, BD. Le carré de l'hypoténuse est ainsi décomposé en deux rectangles AFGD, FGPC.

Les deux triangles LAC, BAD sont égaux; car ils ont les côtés LA = AB, AC = AD comme côtés d'un carré, et les angles compris LAC, BAD, se composent d'une partie commune BAC, plus d'un angle droit; mais ces triangles ont mêmes bases AL, AD, que les rectangles ABKL, ADFG et même hauteur, puisque leurs sommets sont sur les côtés opposés à ces bases. Chacun d'eux est donc la moitié du rectangle correspondant, et par suite ces rectangles sont équivalents. On démontrerait de même que le rectangle ECFG est équivalent au carré BCHI; donc le carré de l'hypoténuse est égal à la somme des carrés faits sur les deux autres côtés.

COROLLAIRE 1. — Le carré de l'hypoténuse et l'un des rectangles qui le composent sont deux rectangles de même hauteur qui sont dans le rapport des bases. Ce rectangle étant d'ailleurs égal à l'un des carrés construits sur les côtés de l'angle droit, il est clair que *le carré de l'hypoténuse est au carré fait sur l'un des côtés de l'angle droit, comme l'hypoténuse est à la projection de ce côté sur l'hypoténuse.*

COROLLAIRE 2. — Les deux rectangles qui forment le carré de l'hypoténuse donnent encore la propriété suivante : *les carrés construits sur les côtés de l'angle droit d'un triangle rectangle sont entr'eux comme leurs projections sur l'hypoténuse.*

THÉORÈME II.

Si sur la somme AC de deux lignes AB, BC, on construit un carré, ce carré sera égal à la somme des carrés construits sur les deux lignes AB, BC, plus deux fois le rectangle dont les côtés seraient ces mêmes lignes AB, BC (Pl. VI, fig. 8).

Construisons sur AB et BC les carrés MNBA, PQCB, et achevons le carré sur AC, en prolongeant AM d'une quantité MD égale à BC, et CQ d'une quantité QH égale à AB; prolongeons de même BPN jusqu'en G, les rectangles MNGD, PGHQ sont évidemment égaux aux rectangles construits sur AB et BC, car ils ont pour côtés contigus des lignes égales à AB et BC; leur somme et la somme des carrés MNBA, PQCB formant le carré ACHD, le théorème est démontré.

COROLLAIRE. — *Le carré fait sur une ligne double d'une autre est quadruple du carré fait sur cette autre.*

En général, si une ligne est m *fois plus grande qu'une autre, le carré construit sur la première sera* m^2 *fois plus grand que le carré construit sur l'autre.*

THÉORÈME III.

Si sur la différence AC *de deux lignes* AB, BC *on construit un carré* ACLH, *ce carré sera égal à la somme des carrés construits sur les deux lignes* AB, BC, *moins deux fois le rectangle qui aurait ces mêmes lignes pour côtés* (Pl. VI, fig. 9).

Après avoir construit sur AC le carré ACLR, prolongeons AR, LC des quantités DR, IC égales à BC; achevons les carrés IOBC, ABVD, et prolongeons LR jusqu'en K; la figure totale se compose d'abord des carrés faits sur AB et BC.

En second lieu elle se compose du carré fait sur AC et des deux rectangles IOKL, VKRD; ces deux rectangles, d'après la construction de la figure, ont pour côtés AB et BC: ils sont donc égaux.

Donc le carré fait sur AC est égal aux carrés faits sur AB et BC, moins deux fois le rectangle ayant pour côtés AB, BC.

THÉORÈME IV.

Le rectangle dont les côtés sont la somme AC *de deux lignes* AB, BC, *et leur différence* AD, *est égal à la différence des carrés faits sur les lignes* AB, BC (Pl. VI, fig. 10).

8

Construisons sur AB, le carré ABKI, et sur AD le carré HADO, de sorte que IH = BD = BC, et achevons le rectangle CQHA ; prolongeons en outre OD jusqu'en G, la figure POGK sera le carré construit sur BC, et si on le retranche du carré ABKI, fait sur BC, il restera le rectangle PHAB plus le rectangle HOGI.

Mais ce dernier ayant pour côtés HO = HA et IH = BC, est égal au rectangle BCQP qui a les mêmes côtés ; donc la différence des deux carrés est égale à la somme des rectangles HABP, BCQP, c'est-à-dire, au rectangle HACQ.

REMARQUE. — Les relations déjà démontrées pour les nombres qui expriment le côté d'un triangle opposé à un angle aigu ou à un angle obtus, et les nombres qui expriment les deux autres côtés étant fondées sur la proposition du carré de l'hypoténuse, et sur le carré d'une somme ou d'une différence de lignes : et ces dernières propositions étant démontrées de nouveau sur les surfaces et les lignes elles-mêmes, et non plus seulement sur les nombres qui les représentent, on peut en conclure de nouveau ces théorèmes.

THÉORÈME V.

Le carré du côté opposé à un angle aigu d'un triangle est égal à la somme des carrés des deux autres côtés, moins deux fois un rectangle qui aurait pour dimensions l'un des côtés de l'angle et la projection de l'autre côté sur celui-là.

THÉORÈME VI.

Le carré du côté opposé à l'angle obtus d'un triangle est égal à la somme des carrés des deux autres côtés, plus deux fois un rectangle qui aurait pour dimensions l'un des côtés de l'angle et la projection de l'autre côté sur celui-là.

REMARQUE. — De la proposition du carré de l'hypoténuse et des deux théorèmes qui précèdent, on peut conclure : que si, dans un triangle, la somme des carrés de deux côtés est plus grande ou plus petite que le carré du troisième, l'angle compris par ces côtés est aigu ou obtus. On peut aussi conclure que si dans un triangle la somme des carrés de deux côtés est égale au carré du troisième, le triangle considéré est rectangle.

TRENTE-TROISIÈME LEÇON.

THÉORÈME 1.

Les aires de deux triangles semblables sont entr'elles dans le même rapport que les carrés des côtés homologues (Pl. VI, fig. 12).

Soit ABC, ADE deux triangles semblables que l'on sait pouvoir être toujours disposés ainsi que le représente la figure, c'est-à-dire de sorte que DE soit parallèle à BC. Tirons BE. Les deux triangles ABE, ADE considérés comme ayant le sommet en E ont même hauteur; donc on a l'égalité

$$\frac{ABE}{ADE} = \frac{AB}{AD}.$$

Les deux triangles ABE, ABC regardés comme ayant le

même sommet B ont même hauteur. Donc $\dfrac{ABC}{ABE} = \dfrac{AC}{AE}$ et à cause de la parallèle DE, $\dfrac{ABC}{ABE} = \dfrac{AB}{AD}$: en multipliant et simplifiant, on a

$$\frac{ABC}{ADE} = \frac{\overline{AB}^2}{\overline{AD}^2} \text{ et comme } \frac{AB}{AD} = \frac{AC}{AE} = \frac{BC}{DE},$$

on en déduit que le rapport de deux triangles semblables est le même que celui des carrés de deux côtés homologues quelconques.

THÉORÈME II.

Les aires de deux polygones semblables sont entr'elles comme les carrés de deux côtés homologues (Pl. V, fig. 4).

Soit ABCDE, *abcde* deux polygones semblables. On a déjà prouvé que si on joint deux sommets homologues B et *b*, à tous les autres, les deux polygones étaient décomposés en un même nombre de triangles semblables chacun à chacun et disposés de la même manière. On a vu de plus, que les lignes qui joignent deux sommets homologues étaient dans le même rapport; donc en appliquant le théorème précédent, on pourra dire

$$\frac{abe}{ABE} = \frac{bed}{BED} = \frac{bcd}{BCD} = \frac{\overline{ab}^2}{\overline{AB}^2},$$

et puisque les trois premiers rapports sont égaux, la somme de leurs numérateurs, divisée par celle des dénominateurs donnera un rapport égal; on en conclut que

l'aire du polygone *abcde* est avec celle du polygone ABCDE
dans le même rapport que $\dfrac{\overline{ab}^2}{\overline{AB}^2}$.

REMARQUE. — Les réciproques des deux propositions précédentes ne sont pas généralement vraies. Et d'abord, si
l'on dit que les aires de deux polygones sont entr'elles
comme les carrés de deux côtés homologues seulement, les
polygones ne seront généralement pas semblables. Car si
l'on imagine deux polygones semblables ayant ces lignes
pour côtés, on conçoit que, sans faire varier la surface de
l'un deux, on puisse lui laisser le côté considéré en faisant
varier les angles, de sorte que la similitude n'ait plus lieu.
Si on suppose que les deux polygones soient dans le
rapport des carrés de deux côtés homologues quelconques, les deux polygones seront semblables si ce sont des
triangles ou même des quadrilatères, mais ils pourront ne
plus l'être si le nombre des côtés dépasse quatre.

TRENTE-QUATRIÈME LEÇON.

Définitions.

1. On appelle *secteur circulaire* la portion de plan comprise entre deux rayons et l'arc qu'ils comprennent.
2. Une *ligne brisée régulière* est une ligne formée en joignant les points de division d'un arc quelconque supposé
partagé en parties égales.
Les cordes de ces arcs sont les *côtés* de la ligne brisée.

Un arc peut être regardé comme une *ligne brisée régulière* dont les côtés sont infiniment petits.

3. Un *secteur polygonal régulier* est la portion de plan comprise entre une ligne brisée régulière et les rayons qui aboutissent à ses deux extrémités. La ligne brisée est la base du secteur.

Un *secteur circulaire* peut être regardé comme un *secteur polygonal régulier* dont les côtés de la base sont infiniment petits.

THÉORÈME I.

L'aire d'un polygone régulier a pour mesure le produit de son périmètre par la moitié de son apothème (Pl. VI, fig. 4).

Soit ABCDEF un polygone régulier dont P est le centre. Si on joint le point P à tous les sommets, on aura autant de triangles isoscèles égaux entr'eux, qu'il y a de côtés dans le polygone. Or, le triangle APB a pour mesure la moitié de sa hauteur PH par sa base AB. Donc, pour avoir l'aire du polygone il suffira de répéter ce produit, ou l'un de ses facteurs AB, autant de fois qu'il y a de côtés dans le polygone. Or, AB répété autant de fois qu'il y a de côtés dans le polygone est le périmètre. Donc le théorème est démontré.

THÉORÈME II.

L'aire d'un cercle est égale à sa circonférence multipliée par la moitié du rayon (Pl. VI, fig. 4).

Car l'aire du cercle est la limite vers laquelle tend l'aire d'un polygone régulier inscrit dont le nombre de côtés va toujours en augmentant; et comme l'aire de ce polygone

419

régulier est égale à la moitié de son apothème multipliée par le périmètre, qu'à mesure que l'aire du polygone se rapproche de l'aire du cercle le périmètre se rapproche de la circonférence et l'apothème du rayon, on en conclut que l'aire d'un cercle est égale à sa circonférence multipliée par la moitié du rayon.

REMARQUE. — Soit S l'aire d'un cercle dont la circonférence est C et le rayon R. On a vu que la circonférence est égale à $2\pi R$ et pour multiplier par la moitié du rayon, il revient au même de prendre la moitié de ce produit πR et de la multiplier par le rayon R. On arrive donc à ce résultat $S = \pi R^2$.

THÉORÈME III.

L'aire d'un secteur est égale au produit de la longueur de son arc par la moitié du rayon (Pl. VI, fig. 13).

L'aire du secteur polygonal pourra se décomposer en plusieurs triangles isocèles égaux à COD, en joignant le centre à tous les sommets. Chacun de ces triangles étant mesuré par la demi-hauteur OI, multipliée par le côté du secteur, leur somme aura pour mesure la ligne brisée régulière multipliée par la moitié de OI, apothème de cette ligne brisée : et à la limite *l'aire du secteur circulaire est égale à son arc multiplié par la moitié du rayon.*

COROLLAIRE. — *L'aire d'un segment circulaire s'obtiendra en ajoutant à l'aire du secteur l'aire du triangle formé par les deux rayons et la base du segment, si ce segment est plus grand que le demi-cercle, ou en retranchant l'aire du triangle de l'aire du secteur, si le segment est moindre qu'un demi-cercle.*

THÉORÈME IV.

Le rapport des aires de deux cercles de rayons différents est le même que celui des carrés des rayons.

On a vu que si on désigne par S l'aire d'un cercle et R son rayon, on avait $S = \pi R^2$. Soit S' l'aire d'un cercle dont le rayon est R'; on aura aussi $S' = \pi R'^2$. Donc le rapport des aires de ces cercles est le même que celui de πR^2 à $\pi R'^2$ ou de R^2 à R'^2.

REMARQUE 1. — La formule $S = \pi R^2$ fournirait deux autres moyens de calculer le nombre π. Car si, étant connu le rayon d'un cercle, on parvenait à trouver sa surface; ou si, étant connue la surface d'un cercle, on parvenait à trouver son rayon, on pourrait déterminer le rapport de la circonférence au diamètre.

REMARQUE 2. — Cette proposition pourrait être démontrée en prouvant que les aires de deux polygones réguliers semblables sont dans le même rapport que les carrés des rayons des cercles circonscrits, et en passant à la limite on en concluerait le théorème énoncé.

FIN DE LA GÉOMÉTRIE PLANE.

LIVRE V.

PLANS ET DROITES DANS L'ESPACE.

———

PREMIÈRE ET DEUXIÈME LEÇONS.

Définitions.

1. Une ligne droite et un plan sont *perpendiculaires* quand la droite est perpendiculaire à toutes celles qui passent par son pied dans le plan.

2. Une ligne droite et un plan sont *obliques* l'un à l'autre quand la droite est oblique à toutes celles qui passent par son pied dans le plan.

3. *L'angle d'une droite et d'un plan* est le plus petit des angles que fait cette droite avec celles qui passent par son pied dans le plan.

Nous donnerons plus loin le moyen de reconnaître quel est ce plus petit angle.

4. On appelle *projection* d'une droite sur un plan la distance des pieds des perpendiculaires abaissées des extrémités de la droite sur ce plan. Si l'une des extrémités est

située dans le plan, la projection de la droite sera la distance de ce point au pied de la perpendiculaire abaissée de l'autre extrémité.

Trois points non en ligne droite déterminent la position d'un plan (Pl. VI, fig. 14).

Soit les trois points A, B, C non en ligne droite.

Imaginons qu'on ait tracé une ligne droite sur un plan quelconque et transportons ce plan de sorte que la droite tracée vienne coïncider avec AB; on pourra faire tourner ce plan autour de AB, et alors il occupera dans l'espace toutes les positions possibles. Donc il y aura une position où il renfermera le point C.

Ce plan sera unique. Car supposons deux plans P et Q, passant par les trois points A, B, C. Soit D un point du plan P, qui, par rapport à AC, soit situé du côté opposé à B, et joignons BD. Cette droite coupera AC en un point I.

Or, les points A et C appartenant au plan Q, la droite AC y est toute entière, et le point I appartient aussi au plan Q, de même que le point B. Donc la droite BI est tout entière dans le plan Q, et, par conséquent, le point D, qui appartient au plan P, appartient aussi au plan Q.

Comme on le démontrerait de même pour tout autre point, il en résulte que tous les points du plan P sont des points du plan Q.

Corollaire 1. — Il en résulte que : 1º *Deux droites qui se coupent;* 2º *deux droites parallèles;* 3º *une droite et un point extérieur* déterminent aussi la position d'un plan, car ce plan passerait par trois points non en ligne droite.

Corollaire 2. — Si deux plans se coupent sans se confondre, leur intersection est une ligne droite.

THÉORÈME II.

Par un point O *pris sur une droite* AB,

1° *On peut toujours mener un plan perpendiculaire à cette droite;*

2° *On n'en peut mener qu'un seul* (Pl. VI, fig. 15).

1° Menons deux plans par la droite AB, et, dans ces plans élevons sur AB les perpendiculaires OC, OD; le plan MN conduit suivant OC et OD sera perpendiculaire à la droite AB.

Il s'agit de prouver que toute autre droite OE, menée par le point O, dans le plan MN, est perpendiculaire sur AB (défin. 1). Pour cela, menons la droite CD qui rencontre les trois lignes OC, OD, OE aux points C, D, E; prenons, de part et d'autre, du point O, dans la direction AB, deux qualités OA, OB, égales entr'elles, et joignons AC, AD, AE, BC, BD, BE. Les deux lignes OC, OD étant perpendiculaires au milieu de AB, on a CA = CB et DA = DB; donc les deux triangles ACD, BCD ont les trois côtés égaux chacun à chacun, et, par suite, l'angle ACD = BCD; donc les deux triangles ACE, BCE ont un angle égal compris entre côtés égaux chacun à chacun; donc AE = BE; donc, dans le triangle isoscèle EAB, la droite EO, menée du sommet au milieu de la base AB, est perpendiculaire à cette base.

2° Car supposons qu'on puisse mener par le point O (Pl. VI, fig. 16) deux plans CDM, CDN perpendiculaires sur AB. Si l'on conduit, par la ligne AB, un plan qui coupe les deux premiers, suivant des droites OE, OF différentes de CD, les deux plans CDM, CDN étant perpendiculaires sur AB, les lignes OE, OF seraient toutes deux perpendiculaires à AB; donc par un même point O, et dans un même

plan, on pourrait mener deux perpendiculaires OE, OF à
une même droite AB, ce qui est impossible.

COROLLAIRE 1. — *Toute droite, perpendiculaire à deux
autres qui passent par son pied dans un plan, est perpendiculaire au plan.*
La démonstration en est renfermée dans la précédente.

COROLLAIRE 2. — *Si, par le pied d'une perpendiculaire AO
à un plan MN, on mène une perpendiculaire à cette droite,
elle sera située tout entière dans le plan.*
Car, supposons qu'elle prenne une direction OD hors du
plan MN; et menons, par les deux droites AB, OD, un plan
qui coupe MN suivant OC. La ligne AO étant perpendiculaire au plan MN, serait perpendiculaire à la ligne OC, qui
passe par son pied dans le plan ; donc, au même point O,
et dans un même plan, on pourrait élever deux perpendiculaires OD, OC, à la droite AO, ce qui est impossible.

THÉORÈME III.

Par un point O, pris hors d'une droite AB,
1° *On peut mener un plan perpendiculaire à cette droite ;*
2° *On n'en peut mener qu'un seul* (Pl. VI, fig. 17).

1° Du point O, abaissons la perpendiculaire OC sur AB ;
et, au point C, menons un plan MN perpendiculaire à AB.
Ce plan contiendra la droite OC et sera le plan demandé.
2° Car si l'on pouvait mener par le point O deux plans
MN, MP perpendiculaires sur AB aux points C et D, les
droites OC, OD seraient deux perpendiculaires abaissées
d'un même point O sur la droite AB, ce qui est impossible.

*Si, par le pied d'une oblique à un plan, on mène une per-
pendiculaire à la projection de l'oblique sur ce plan, elle sera
perpendiculaire à l'oblique (Pl. VI, fig. 18).*

Soit AB une oblique au plan MN dont la projection sera
BC. Menons dans le plan MN la ligne DBE perpendiculaire
à BC. Je dis que cette ligne sera perpendiculaire à l'oblique
AB. Joignons les points A, C aux deux points E, D pris à
égale distance du point B. Les lignes CD, CE seront égales
entr'elles comme obliques s'écartant également du pied B
de la perpendiculaire BC.

Les deux triangles ACE, ACD seront égaux car les angles
en C sont égaux comme droits, puisque AC est perpendiculaire au plan MN, le côté AC est commun, et les côtés
CD, CE viennent d'être démontrés égaux. Donc AD = AE.
Alors dans le plan ADE les points A et B étant équidistants
de D et E, la ligne AB est perpendiculaire à DE.

COROLLAIRE. — La droite DE est donc perpendiculaire à
BA et BC et par suite au plan ABC de ces deux droites.

REMARQUE. — Les droites DE, AC offrent l'exemple de
deux droites perpendiculaires à la même droite BC, sans
être parallèles, parce qu'elles ne sont pas situées dans le
même plan, ce qui est la condition indispensable pour le
parallélogramme de deux droites.

Ce théorème important est connu sous le nom de *théorème
des trois perpendiculaires.*

THÉORÈME V.

Si, d'un point A situé hors d'un plan MN, on mène une perpendiculaire à ce plan et différentes obliques : 1° la perpendiculaire AP sera plus courte que toute oblique; deux obliques AB, AC, dont les pieds s'écartent également du pied de la perpendiculaire sont égales; 3° de deux obliques AB, AD qui s'écartent inégalement du pied de la perpendiculaire, celle qui s'écarte le plus est la plus longue (Pl. VI, fig. 19).

1° Les triangles rectangles APE, APB, APD donnent AP $<$ AE, AP $<$ AB, AP $<$ AD. La perpendiculaire menée d'un point sur un plan étant la plus courte distance de ce point au plan sert de mesure à la distance d'un point à un plan.

2° Les deux triangles rectangles APC, APB sont égaux comme ayant un angle égal compris entre côtés égaux. On en conclut l'égalité des obliques AB, AC.

3° Soit PD $>$ PB; je dis que AD $>$ AB. Car prenons sur PD la distance PE $=$ PB, l'oblique AE sera égale à AB et sera dans le même plan que AD moins éloignée du pied de la perpendiculaire; donc AD $>$ AE et aussi AD $>$ AB.

REMARQUE. — Les réciproques de ces propositions sont vraies et leur démonstration se déduit immédiatement de ce qui précède.

COROLLAIRE. — Puisque toutes les obliques égales menées à un plan par un point extérieur sont toutes également éloignées du pied de la perpendiculaire, il en résulte que le lieu géométrique des pieds de toutes ces obliques égales menées d'un point extérieur est une circonférence de cercle dont le centre est la projection du point sur le plan.

Ce corollaire fournit donc un moyen de mener d'un point extérieur une perpendiculaire sur un plan.

Il suffira de marquer trois points dans le plan équidistants du point donné, faire passer un cercle par ces trois points, le centre du cercle sera le pied de la perpendiculaire demandée.

TROISIÈME ET QUATRIÈME LEÇONS.

Définition.

Une droite est parallèle à un plan quand le plan et la droite indéfiniment prolongés ne peuvent se rencontrer.

THÉORÈME I.

Par un point donné on ne peut mener qu'une parallèle à une droite.

Ce théorème a été déjà démontré dans la géométrie plane. Or, comme deux parallèles sont situées dans un même plan qui devra contenir le point et la droite donnés, il s'en suivrait que si on pouvait mener deux parallèles dans l'espace à une même droite, on le pourrait aussi dans un plan.

THÉORÈME II.

Deux droites perpendiculaires à un même plan sont paral-lèles (Pl. VI, fig. 20).

Soit AB, CD, deux perpendiculaires au plan MN. Soit BD la ligne qui joint les pieds des deux perpendiculaires et menons par le point D, dans le plan MN, la droite EDF, per-pendiculaire à BD. On a vu dans le théorème des trois perpendiculaires, que cette ligne était perpendiculaire au plan ABD. Donc, si par le point D, dans ce plan, on mène une parallèle à AB, elle sera perpendiculaire à BD et à DE, elle sera donc perpendiculaire au plan MN et ne pourra donc différer de DC.

COROLLAIRE 1. — Puisque la perpendiculaire au plan MN élevée au point D ne diffère pas de la parallèle AB menée par le même point, il en résulte que si deux droites sont parallèles, tout plan perpendiculaire à l'une l'est aussi à l'autre.

Car si AB et CD sont parallèles et que l'on mène un plan perpendiculaire à AB au point B, ce plan MN coupera la droite CD en un point D et là perpendiculaire au plan MN menée par le point D ne différera pas de DC.

COROLLAIRE 2. — *Deux droites parallèles à une troisième, le sont entr'elles.* Car menant un plan perpendiculaire à cette troisième, il sera perpendiculaire à chacune des deux pre-mières droites, d'après le corollaire précédent, et ces droites perpendiculaires au même plan seront donc parallèles, d'après le théorème 2.

THÉORÈME III.

Si une droite est parallèle à une autre située dans un plan, elle est parallèle au plan (Pl. VI, fig. 21).

Soit AB une droite parallèle à la droite CD située dans le plan MN, je dis qu'elle est parallèle à ce plan.

Les deux parallèles AB, CD déterminent un plan dont l'intersection avec le plan MN est la droite CD elle-même. Or, si AB rencontrait le plan MN, cela ne pourrait être qu'en un point commun aux deux plans, c'est-à-dire en un point de CD. Ce qui est contraire à la supposition.

THÉORÈME IV.

Réciproquement, si une droite est parallèle à un plan, tout plan mené par cette droite ne pourra couper le premier que suivant une parallèle à la droite.

Soit AB parallèle au plan MN. Je conduis par AB un plan ABCD dont l'intersection avec le plan MN est CD. Je dis que CD et AB sont parallèles; car si elles se rencontraient, il faudrait que AB rencontrât le plan MN.

COROLLAIRE 1. — Une droite AB et un plan MN étant parallèles, si par un point I du plan on mène une parallèle à la droite, cette parallèle sera tout entière dans le plan.

Car le plan qui passerait par la droite AB et le point I, couperait le plan MN suivant une parallèle à la droite AB et on ne peut mener par un point qu'une seule parallèle.

COROLLAIRE 2. — Si deux plans BM, BR qui se coupent sont parallèles à une droite PQ, leur intersection AB sera parallèle à la droite (Pl. VI, fig. 22).

Car une parallèle à cette droite, menée par un point B de leur intersection, doit se trouver à la fois dans les deux plans et ne peut donc être que l'intersection elle-même, AB.

COROLLAIRE 3. — *Les parallèles comprises entre une droite et un plan parallèles sont égales entr'elles* (Pl. VI, fig. 21).

Car les deux parallèles AC, BD et la droite AB déterminent un plan qui coupe le premier suivant CD parallèle à la droite AB et dans le parallélogramme ABCD obtenu ainsi, les côtés opposés sont égaux.

COROLLAIRE 4. — *Un plan et une droite parallèle sont donc partout équidistants.*

THÉORÈME V.

Deux plans perpendiculaires à une même droite sont parallèles (Pl. VII, fig. 1).

Car si les plans MN, PQ perpendiculaires à la droite AB se rencontraient en O, les droites OA, OB seraient dans un même plan OAB toutes deux perpendiculaires à la même droite, ce qui est impossible.

THÉORÈME VI.

Les intersections de deux plans parallèles par un troisième, sont parallèles entr'elles, et les parallèles comprises entre ces plans sont égales (Pl. VII, fig. 2).

Soit MN, PQ deux plans parallèles coupés par un troisième, l'un suivant AB, l'autre suivant CD; je dis que ces lignes sont parallèles, car si elles se rencontraient, comme l'une d'elles est entièrement dans le plan MN, et l'autre dans le plan PQ, leur point commun appartiendrait aux deux plans, ce qui est contre l'hypothèse.

2° Soit AC, BD deux parallèles comprises entre les deux plans parallèles MN, PQ. Ces deux parallèles déterminent un plan dont les intersections AB, CD avec les plans considérés doivent être parallèles, et font ainsi, avec AC et BD, un parallélogramme dont les côtés opposés sont égaux. Ce qui prouve la seconde partie du théorème qu'on peut énoncer en ces termes : *Deux plans parallèles sont partout équidistants.*

THÉORÈME VII.

Par un point, on peut toujours mener un plan parallèle à un plan et on n'en peut mener qu'un seul (Pl. VII, fig. 3).

Soit MN le plan donné, A le point donné. On peut, du point A, mener sur le plan MN une perpendiculaire unique AB, et par le point A, on peut mener à AB un plan perpendiculaire aussi unique. Ce plan sera parallèle au plan MN. Je dis qu'il est unique; supposons que par le point A on puisse mener les deux plans PQ, RS parallèles à MN, et soit CAD leur commune intersection. Par la droite AB et une droite AE autre que CAD située dans le plan PQ, je fais passer un plan qui coupera le plan RS suivant une droite AF. Si chaque plan PQ, RS était parallèle à MN, en vertu du théorème 6, les intersections AE, AF seraient parallèles à l'intersection BG du plan MN avec le plan auxiliaire des deux droites AE, AF. On pourrait donc, par un point, mener deux parallèles à une droite.

COROLLAIRE. — Si le plan PQ est parallèle à MN, toute parallèle au plan MN, menée par le point A sera dans le plan PQ; car tout plan, conduit suivant cette parallèle, couperait le plan PQ suivant une parallèle au plan MN, elle doit donc se confondre avec la première; donc on peut, en énonçant différemment, dire que *toute droite qui rencontre un plan, rencontre tous les plans parallèles.*

THÉORÈME VIII.

Si deux plans sont parallèles, toute perpendiculaire à l'un, l'est aussi à l'autre (Pl. VII, fig. 4).

Soit MN, PQ deux plans parallèles et AB perpendiculaire au plan MN. Je dis qu'elle le sera à PQ. Par la droite AB, menons un plan quelconque qui coupera les deux autres suivant deux parallèles AD, BC. Cette ligne BC sera perpendiculaire à AB puisqu'elle passe par son pied dans le plan MN qui lui est perpendiculaire; donc AB est aussi perpendiculaire à AD, mais en menant par la droite AB un deuxième plan, on prouverait de même que AB est perpendiculaire à une autre droite située dans le plan PQ. Donc elle est perpendiculaire à ce plan.

THÉORÈME IX.

Deux plans parallèles à un troisième sont parallèles entre eux (Pl. VII, fig. 5).

Soit les deux plans MN, PQ parallèles au troisième plan RS, je dis qu'ils sont parallèles entr'eux.

Menons AB perpendiculaire au plan RS.

En vertu du théorème précédent AB sera aussi perpendiculaire aux plans MN, PQ.

Alors les deux plans MN et PQ perpendiculaires à une même droite AB doivent être parallèles (th. 5).

THÉORÈME X.

Si deux angles non-situés dans le même plan ont leurs côtés parallèles et dirigés dans le même sens, ils sont égaux et leurs plans parallèles (Pl. VII, fig. 6).

Soit EDF, BAC les deux angles dont les côtés DE et AB, DF et AC sont respectivement parallèles.

Prenons DE = AB, DF = AC et joignons AD, FC, BE, FE et BC. Les figures ADFC, ADEB sont des parallélogrammes puisque deux côtés opposés sont égaux et parallèles dans chacune de ces figures.

Donc BE, FC sont respectivement égaux et parallèles à AD, et par conséquent égaux et parallèles entr'eux ; donc la figure BCFE est un parallélogramme et les côtés EF, BC sont égaux et parallèles. Alors les deux triangles ABC, DEF ont les trois côtés égaux et l'on en déduit l'égalité des angles A et D.

En second lieu, je dis que le plan EDF est parallèle au plan ABC.

On peut toujours mener par DF un plan parallèle à ABC. Alors il coupera le plan BCEF suivant une droite passant en F qui devra être parallèle à BC comme intersection de plans parallèles par un troisième plan qui se confondra nécessairement avec FE. Le plan parallèle à ABC mené par DF n'est donc autre que le plan EDF.

Si on imaginait la ligne FD prolongée au-delà de DE, dans la direction DF', l'angle F'DE ainsi obtenu serait le supplément de BAC. De telle sorte qu'on peut dire, comme dans la proposition analogue de la Géométrie plane, que :

Si deux angles ont leurs côtés parallèles, leurs plans sont parallèles et ils sont égaux ou supplémentaires.

CINQUIÈME LEÇON.

Définitions.

1. L'espace compris par deux plans qui se coupent se nomme *angle dièdre* (Pl. VII, fig. 7).

2. Ces plans sont les faces de l'angle dièdre et la droite de leur intersection est leur arête. L'angle dièdre se désigne par les lettres AB de l'arête ou par les quatre lettres MABN de ses faces, en mettant celles de l'arête au milieu.

3. L'angle correspondant à un angle dièdre est l'angle plan formé par les perpendiculaires menées en un point de l'arête dans chacune de ses faces.

4. Deux angles dièdres coïncident quand, ayant la même arête, leurs faces coïncident; ils sont égaux dans ce cas.

5. Deux angles dièdres ayant la même arête, une face commune et extérieurs l'un à l'autre, sont dits *adjacents*.

6. Deux angles dièdres sont *opposés à l'arête* quand chacun d'eux est formé par les prolongements des faces de l'autre.

7. Un angle dièdre peut être regardé comme engendré par un plan mobile, qui, confondu avec un autre regardé comme fixe, tournerait autour d'une droite invariable située dans le plan fixe pour prendre dans l'espace toutes les positions possibles.

On voit que le plan mobile, à mesure qu'il s'éloignera de la partie du plan à droite de l'axe fixe, se rapprochera de la partie de plan située à gauche.

8. Cela posé : un plan est perpendiculaire à un autre

quand le premier fait, avec le second, deux angles adjacents égaux entr'eux qui sont appelés *droits*.

9. Ce plan sera oblique si les angles adjacents sont inégaux.

10. Le plan qui partage un angle dièdre en deux parties égales se nomme *plan bissecteur*.

11. Un angle dièdre est aigu ou obtus selon qu'il est plus petit ou plus grand qu'un angle dièdre droit.

12. Deux angles dièdres sont complémentaires, supplémentaires, alternes-internes, correspondant dans les mêmes cas que deux angles plans.

THÉORÈME I.

A des angles dièdres égaux correspondent des angles plans égaux et réciproquement (Pl. VII, fig. 8).

Soit les deux angles dièdres égaux AB, CD, je dis que les angles plans MBN, PDQ qui leur correspondent sont égaux. Prouvons que l'angle plan correspondant à un angle dièdre AB est le même, quel que soit son sommet sur l'arête AB. Menons donc, au point O, des perpendiculaires à AB dans chaque face. L'angle EOF, ainsi obtenu, sera égal à MBN, car ils auront les côtés parallèles et l'ouverture dans le même sens.

Faisons maintenant coïncider les dièdres AB, CD et suppo sons que l'angle MBN, correspondant au premier, prenne, relativement au second, la position *mbn*, on aura $mbn = PDQ$, en vertu de ce qui précède, et par suite $MBN = PDQ$.

Réciproquement, si les angles plans MBN, PDQ sont égaux, faisons coïncider ces angles, la ligne DC, perpendiculaire au plan PDQ, prendra la direction AB de la perpendiculaire au plan MBN, et les deux dièdres coïncideront.

Remarque. — On prouverait facilement, par des démonstrations analogues à celles de la Géométrie plane, que :

1° Tout plan oblique à un autre, fait, avec cet autre, deux angles adjacents qui valent en somme deux droits.

2° Si deux plans parallèles sont coupés par un troisième, les angles alternes-internes correspondants, alternes-externes sont égaux entr'eux.

Nous laissons au lecteur le soin de faire la démonstration de ces diverses propriétés.

THÉORÈME II.

Le rapport de deux angles dièdres est le même que celui de leurs angles plans correspondants (Pl. VII, fig. 9).

Soit les deux angles dièdres AB, CD dont nous supposerons les angles plans correspondants, commensurables entr'eux, c'est-à-dire que nous supposerons qu'un certain angle soit contenu deux fois, par exemple, dans l'angle PDQ et trois fois dans l'angle MBN. Le rapport des deux angles plans sera donc $\frac{PDQ}{MBN} = \frac{2}{3}$. Par chacune des lignes de division des angles plans et l'arête faisons passer des plans; nous décomposerons chaque angle dièdre en petits dièdres tous égaux entr'eux, comme correspondants à des angles plans égaux, alors l'un en contiendra 2 et l'autre 3, et le rapport de ces deux dièdres sera $\frac{2}{3}$ et par conséquent le même que celui des angles plans.

Comme cette proposition est vraie, quelque petite que soit la commune mesure des angles plans PDQ, MBN; elle est donc générale.

Par suite, si on prend pour unité d'angles dièdres, celui qui correspond à l'angle plan unité, on en déduira que tout

angle dièdre a pour mesure l'angle plan correspondant.
L'angle dièdre sera droit, aigu ou obtus, selon que son angle
plan correspondant sera droit, aigu ou obtus.

SIXIÈME LEÇON.

THÉORÈME I.

*Si un plan est perpendiculaire à un autre, son prolonge-
ment l'est aussi, et le second est perpendiculaire au premier.*

Cette proposition, comme son analogue dans la Géométrie plane, se déduira de la propriété qu'ont les angles
adjacents de valoir deux angles droits.

Quand un plan est perpendiculaire à un autre, on peut
dire que ces plans sont perpendiculaires entr'eux.

THÉORÈME II.

*Lorsqu'une droite est perpendiculaire à un plan, tout plan
conduit par cette droite est perpendiculaire au premier* (Pl. VII,
fig. 10).

Soit AB une droite perpendiculaire au plan MN, et PQ
un plan conduit suivant AB. Par le pied B de la perpendiculaire, je trace dans le plan MN une perpendiculaire BC à
l'intersection BD des deux plans. La droite AB étant perpendiculaire au plan MN l'est à BD. Alors l'angle ABC
mesure l'angle des deux plans PQ et MN, mais AB est aussi

perpendiculaire à BC, et puisque l'angle correspondant à l'angle des deux plans est droit, les deux plans sont perpendiculaires entr'eux.

THÉORÈME III.

Si deux plans sont perpendiculaires entr'eux, toute droite menée dans l'un d'eux perpendiculaire à leur intersection est perpendiculaire à l'autre plan (Pl. VII, fig. 10).

Soit MN, PQ deux plans dont l'intersection est PD. Par un point B de cette intersection, je mène BA perpendiculaire à PD dans le plan PQ, je dis que cette droite est perpendiculaire au plan MN. Menons BC dans le plan MN perpendiculaire à PD, l'angle ABC sera l'angle correspondant au dièdre QPDN, et ce dièdre étant droit par hypothèse, l'angle plan l'est aussi et AB perpendiculaire à BC et BD est perpendiculaire au plan MN.

COROLLAIRE. — *Si deux plans PQ, MN sont perpendiculaires entr'eux, si d'un point A de l'un d'eux PQ, on abaisse une perpendiculaire sur l'autre MN, elle sera contenue dans le premier, PQ.*

Car, si de ce point on abaisse une perpendiculaire à l'intersection commune, cette droite contenue dans le premier plan est perpendiculaire au second, et ne peut différer de la perpendiculaire au plan MN menée par ce point A.

THÉORÈME IV.

Si deux plans sont perpendiculaires à un troisième, leur intersection lui sera aussi perpendiculaire (Pl. VII, fig. 12).

Soit les deux plans APB et APD perpendiculaires au plan MN. Les plans APB et MN étant perpendiculaires, si par le point P, j'élève une perpendiculaire au plan MN, elle sera tout entière dans le plan APB, mais par la même raison elle sera aussi dans le plan APD ; donc ce sera l'intersection AP des deux plans APB, APD.

Corollaire. — Par une oblique à un plan on ne peut mener qu'un seul plan perpendiculaire ; car prenant un point sur l'oblique et abaissant de ce point une perpendiculaire sur le plan donné, il suffira de conduire le plan par l'oblique et cette perpendiculaire. Ce plan contiendra toutes les perpendiculaires menées de tout autre point de l'oblique.

L'intersection des deux plans sera la projection de l'oblique sur le premier plan.

THÉORÈME V.

Lorsqu'une droite est oblique à un plan, l'angle aigu qu'elle fait avec sa projection sur ce plan est le plus petit des angles que fait cette droite avec une ligne quelconque menée, par son pied, dans le plan (Pl. VII, fig. 11).

Soit AB une oblique au plan MN, soit BC sa projection sur ce plan. Par le pied B de l'oblique, je mène dans le plan MN une droite quelconque BD ; je dis que l'angle ABC est moindre que ABD. Prenons BD = BC et joignons AD. Les deux triangles ABC, ABD ont les côtés BC, BD égaux par construction, le côté AB commun, et le côté AD plus grand que AC, puisque AC est une perpendiculaire menée de A sur le plan. Donc l'angle ABD opposé à AD est plus grand que ABC opposé à AC.

C'est à cause de cette propriété que cet angle mesure l'inclinaison d'une droite sur un plan.

SEPTIÈME LEÇON.

Définitions.

1. L'espace compris entre trois ou un plus grand nombre de plans qui se rencontrent tous au même point, s'appelle *angle solide ou angle polyèdre.* Ce point est le sommet de l'angle.

2. Les plans qui forment un angle solide se rencontrent consécutivement, suivant des droites qu'on nomme arêtes de l'angle.

3. La portion de plan comprise entre deux arêtes est une *face* de l'angle solide. On désigne un angle solide par la lettre du sommet, ou par la lettre du sommet et une lettre de chaque arête.

4. L'angle solide qui a trois faces se nomme *trièdre,* celui qui en a quatre *tétraèdre,* etc.

5. L'angle trièdre dont les plans sont droits, se nomme *trièdre tri-rectangle.* Ce trièdre a aussi ses dièdres droits (Leç. 6, th. 2).

Un angle trièdre peut être aussi *rectangle* ou *bi-rectangle.*

6. Deux angles solides coïncident, quand ayant le même sommet, leurs faces coïncident. Ils sont alors égaux.

7. Deux angles solides sont opposés par le sommet quand chacun d'eux est formé par les prolongements des faces de l'autre.

THÉORÈME I.

Dans tout angle trièdre SABC, un angle plan quelconque est plus petit que la somme des deux autres (Pl. VII, fig. 14).

1° Il n'y a lieu à démonstration que pour le plus grand des trois angles plans. Soit donc ASB la plus grande des faces. Faisons avec BS, dans le plan ASB l'angle BSD = BSC, et menons, dans cette face, une droite à volonté ADB. Prenons SC = SD et joignons AC, BC.

Les deux triangles BSD, BSC sont égaux comme ayant un angle égal compris entre deux côtés égaux. Donc BC = BD. Mais comme dans le triangle ACB on a

$$AB < AC + CB.$$

Retranchant d'une part BD et de l'autre BC, on aura AD < AC. Alors les deux triangles ASD, ASC ont deux côtés égaux, savoir AS commun, SD = SC par construction, mais le troisième côté AD < AC, donc ASD < ASC; donc aussi, ASD + BSD < ASC + BSC, donc enfin ASB < ASC + BSC.

REMARQUE. — On voit en même temps que dans tout angle trièdre chaque angle plan est plus grand que la différence des deux autres.

THÉORÈME II.

La somme des angles plans d'un angle solide S est toujours moindre que quatre angles droits (Pl. VII, fig. 13).

Soit SABCDE un angle solide; je mène un plan qui coupe toutes ses faces suivant des droites AB, BC, CD, DE,

AE, qui, par leurs intersections successives, forment le polygone ABCDE, dans l'intérieur duquel je prends un point O que je joins à tous les sommets de ce polygone.

Nous avons ainsi, autour du point O, autant de triangles qu'autour du point S, et la somme des angles est la même pour chaque groupe de triangles. Mais à chaque sommet il y a un angle trièdre formé d'un angle du polygone et de deux angles à la base des triangles dont le sommet est en S. Donc, en vertu du théorème précédent, la somme des angles du polygone ou la somme des angles à la base des triangles dont le sommet est en O, est moindre que la somme des angles à la base des triangles dont le sommet est en S. Il faut donc, par compensation, que la somme des angles autour du point O soit plus grande que la somme des angles autour du point S. Donc enfin, la somme des faces de l'angle solide est moindre que quatre angles droits.

THÉORÈME III.

Si deux angles trièdres ont les faces égales, les dièdres sont égaux (Pl. VII, fig. 15).

Soit les deux trièdres S et S', dans lesquels nous supposerons égales les faces dont les lettres ne diffèrent que par les accents. Je dis que l'angle dièdre dont l'arète est SA, est égal à l'angle dièdre, dont l'arète est S'A'. Prenons sur les six arètes, six distances égales entr'elles et joignons les extrémités. Les trois triangles formés autour du point S seront égaux aux trois triangles formés autour du point S', comme ayant un angle égal compris entre côtés égaux. D'où on déduit l'égalité des côtés des triangles ABC, A'B'C'; donc l'angle BAC = B'A'C'. Soit pris, sur les deux arètes, les distances égales AK, A'K' et par les points K et K', menons des perpendiculaires à SA et S′A′; dans chaque face des dièdres, ces lignes rencontreront AB, AC, A′B′ et A′C′. Car les triangles autour des points S et S′ étant isoscèles, les angles à la base sont aigus; joignons IH et I′H′, nous aurons les triangles AKH = A′K′H′, comme ayant un côté adjacent à deux angles égaux, les triangles AKI = A′K′I′ par la même raison. Donc IK = I′K′, KH = K′H′, AI = A′I′, AH = A′H′. Mais les deux triangles AIH, A′I′H′ ont un angle égal compris entre côtés égaux; donc IH = I′H′ et alors les deux triangles IKH, I′K′H′ sont égaux comme ayant les trois côtés égaux. Donc les angles IKH, I′K′H′ qui mesurent les deux dièdres étant égaux, les dièdres sont égaux. On démontrerait de même pour tout autre groupe d'angles dièdres qu'ils sont aussi égaux; donc deux trièdres qui ont les faces égales, ont les dièdres égaux.

Remarque 1. — La démonstration précédente est tout-à-fait indépendante de la disposition des faces égales autour du point S; quelle que soit cette disposition, les dièdres seront toujours égaux. Or, les faces peuvent très bien être égales et être inversement disposées. Pour s'en convaincre, supposons qu'on ait tracé sur du papier deux angles égaux ASB, A′S′B′ (Pl. VII, fig. 16), et qu'au point S avec SA on fasse un angle moindre que ASB, mais plus grand que sa moitié. Qu'on fasse de même, avec SB, un angle autre que le précédent, mais compris entre les mêmes limites. On pourra faire avec ces trois angles un angle trièdre en relevant les angles CSA, BSD autour de AS et BS.

Faisons maintenant au point S′ avec S′A′ un angle C′S′A′ = BSD et avec S′B′ un angle B′S′D′ = CSA. On pourra, en relevant les angles, faire encore un trièdre dont toutes les faces seront égales, mais ne seront pas dans le même ordre.

Ces trièdres égaux dans toutes leurs parties, mais dont les parties ne sont pas dans le même ordre ne peuvent coïncider et sont appelés *symétriques*.

REMARQUE 2. — On a un exemple de trièdres symétriques ; en prolongeant les arêtes d'un trièdre au-delà du sommet, on obtient un nouveau trièdre, dont les faces sont égales à celles du premier comme opposées au sommet, et donc, par suite, les angles dièdres sont égaux. Mais il est facile de constater que ces angles ne sont pas disposés de la même manière autour du sommet commun, en développant ces angles trièdres sur un plan, comme nous l'avons fait dans la remarque précédente. Il existe aussi des *corps symétriques*. L'image d'un corps reposant sur un miroir plan est le symétrique de ce corps.

LIVRE VI.

MESURE DES CORPS SOLIDES.

HUITIÈME ET NEUVIÈME LEÇONS.

Définitions.

1. Un solide terminé de toutes parts par des polygones, se nomme *polyèdre*.

2. Ces polygones sont les faces du polyèdre, et la droite suivant laquelle se coupent deux faces consécutives se nomme *arête*.

3. Les sommets des angles solides formés par les faces sont les sommets du polyèdre.

4. La droite qui joint deux sommets d'angles solides se nomme *diagonale*.

5. Le polyèdre de quatre faces se nomme *tétraèdre*, celui de six *hexaèdre*, celui de huit *octaèdre*, celui de douze *dodécaèdre*, celui de vingt *icosaèdre*.

6. Le prisme est un solide compris sous plusieurs plans qui se rencontrent consécutivement suivant des droites

parallèles et qui sont terminées de part et d'autre par des plans parallèles. Ces droites sont les arètes latérales du prisme.

Pour construire un prisme, soit ABCDE un polygone quelconque (Pl. VII, fig. 17). Menons par les sommets de ce polygone et d'un même côté de son plan, les droites EF, AG, BH, DK, CI parallèles entr'elles, et par un point F pris sur l'une de ces droites, menons un plan parallèle à celui du polygone ABCDF. Ce plan rencontre les autres droites en des points G, H, I, K et le solide ainsi formé est un prisme. Chaque face comprise entre deux arètes latérales est une face du prisme. Elles sont toutes des parallélogrammes.

Les deux polygones auxquels se terminent les arètes sont égaux entr'eux et sont les *bases* du prisme, leur distance est la *hauteur* du prisme.

8. Un prisme est *droit* ou *oblique* selon que ses arètes sont ou ne sont pas perpendiculaires aux plans des bases.

9. Un prisme est triangulaire, quadrangulaire, pentagonal, selon que ses bases sont des triangles, quadrilatères, pentagones, etc.

10. Le parallélipipède est un prisme dont les bases sont des parallélogrammes (Pl. VII, fig. 19). Toutes les faces d'un parallélipipède sont des parallélogrammes et les quatre arètes parallèles sont égales entr'elles. On peut prendre pour base d'un parallélipipède une face quelconque. La hauteur sera alors la distance de la base à la face opposée. On voit aussi que les faces opposées sont égales entr'elles.

11. Le parallélipipède est *droit*, si ses arètes sont perpendiculaires aux plans des bases, et si ces bases sont des rectangles, le parallélipipède sera dit *rectangle*.

12. Le *cube* ou *hexaèdre régulier* est un parallélipipède dont toutes les faces sont des carrés, et dont, par suite, toutes les arètes sont égales.

147

THÉORÈME I.

Dans tout prisme les bases et les sections faites par des plans parallèles aux bases sont des polygones égaux (Pl. VII, fig. 21).

Soit dans le prisme ABCDEFGHIK, les sections NOPQR, STVXY faites par des plans parallèles. Je dis que les polygones NOPQR, STVXY sont égaux.

Car les côtés NO, ST, sont parallèles, comme étant les intersections de deux plans parallèles par un troisième plan ABGF; ces mêmes côtés NO, ST, sont compris entre les parallèles NS, OT, qui sont côtés du prisme; donc NO est égal à ST. Par une semblable raison, les côtés OP, PQ, QR, etc., de la section NOPQR, sont égaux respectivement aux côtés TV, VX, XY, etc., de la section STVXY. D'ailleurs, les côtés égaux étant en même temps parallèles, il s'ensuit que les angles NOP, OPQ, etc., de la première section, sont égaux respectivement aux angles STV, TVX, etc., de la seconde. Donc les deux sections NOPQR, STVXY, sont des polygones égaux.

Corollaire. — Si l'on suppose que les plans parallèles soient parallèles au plan de la base, la section sera égale à la base.

THÉORÈME II.

Deux prismes sont égaux quand les trois faces qui forment un angle solide sont égales et disposées de la même manière (Pl. VII, fig. 18).

Supposons que les trois faces qui concourent aux sommets d'angles solides A et A' soient égales et disposées de la même manière. On remarquera d'abord que l'une des bases doit entrer nécessairement dans l'une des trois faces d'un angle solide. Alors si le polygone A'B'C'D'E' est égal au polygone ABCDE, on pourra les faire coïncider de telle sorte que le côté A'B' tombe sur AB et A'E' sur AE. Mais les trois angles plans de l'angle trièdre A', sont par hypothèse égaux aux trois angles plans du trièdre A. Donc les angles dièdres sont égaux, et le plan A'B'F'G' coïncidera avec le plan ABFG et comme l'angle F'A'B' est égal à FAB, l'arête F'A' tombera sur FA, et le point F' en F. Puisque ces arêtes sont aussi égales, les points K', G' tomberont aussi en K et en G, et par suite les deux prismes coïncideront, car les polygones supérieurs sont égaux et ont déjà trois sommets communs, donc tous les autres se confondront deux à deux.

COROLLAIRE. — *Deux prismes droits de même base et de même hauteur sont égaux.*

Supposons que les arêtes soient perpendiculaires aux plans des bases et que ces bases soient égales : comme deux plans parallèles sont partout équidistants, les arêtes deviennent toutes égales à la hauteur. Alors, en faisant coïncider les bases égales, toutes les arêtes du second prendront la direction des arêtes du premier et se confondront avec elles. Ce qui démontre le théorème.

D'ailleurs, considérant les angles solides A et A', les trois faces qui les forment sont égales ; les bases par hypothèse, et les deux faces AFKE, ABFG égales respectivement aux faces de mêmes lettres accentuées comme étant des rectangles de même base et de même hauteur.

THÉORÈME III.

Dans tout parallélipipède les diagonales se coupent mutuellement en deux parties égales (Pl. VII, fig. 20).

Soit les deux diagonales AH, CF. Joignons AC, FH ; dans le quadrilatère AFHC les côtés opposés AF, CH sont égaux et parallèles ; donc la figure est un parallélogramme et les diagonales se coupent mutuellement en deux parties égales. On prouverait de même que deux autres diagonales BE et AH, par exemple, se coupent aussi en deux parties égales ; donc le théorème énoncé est vrai.

REMARQUE. — Le plan qui passe par deux diagonales se nomme *plan diagonal*.

THÉORÈME IV.

Deux parallélipipèdes qui ont une base commune et dont les faces opposées sont situées sur le même plan sont équivalents (Pl. VIII, fig. 1).

Deux cas sont à distinguer :

1° Les faces qui sont dans le même plan sont comprises entre les mêmes parallèles.

2° Les faces qui sont dans le même plan ne sont point comprises entre les mêmes parallèles.

1° Soit donc ABCD la face commune aux deux parallélipipèdes CK, CE, et soit les faces supérieures EFGH, LKMN comprises entre les mêmes parallèles EK, HN. Ces parallélipipèdes sont équivalents.

Car si de la figure totale on retranche le parallélipipède CE, il restera le prisme AEKDHM, et si de la même figure on retranche le parallélipipède CK, il restera le prisme BFLCNG. Or, ces deux prismes sont égaux, car les trois faces qui forment l'angle solide H sont égales aux trois faces qui forment l'angle solide G, savoir : les faces EHDA, FGCB, comme faces opposées d'un parallélipipède, les faces KMHE, LNGF égales, car si on fait glisser la dernière entre les deux parallèles FK, GM, quand le point N sera en M, le point G sera en H, puisque MN = HG = AB; enfin, les deux triangles MHD, NGC sont égaux, car les angles D et C ont les côtés parallèles et égaux comme arêtes opposées d'un même parallélipipède. Donc les prismes désignés sont égaux et les parallélipipèdes équivalents.

2° Soit les deux parallélipipèdes ABCDLKMN, ABCDPQRS, dont les bases supérieures sont situées dans le même plan, mais non pas entre les mêmes parallèles. Prolongeons dans ce plan les lignes PQ, RS et KL, MN qui, en se rencontrant, forment le parallélogramme EFGH et construisons le parallélipipède ABCDEFGH. Si on le compare successivement à chacun des deux autres, il leur sera équivalent puisqu'ils seront dans le cas précédent. Donc, les deux parallélipipèdes de même base et de même hauteur sont équivalents.

COROLLAIRE. — *On peut changer un parallélipipède oblique en un parallélipipède droit, équivalent de même base et de même hauteur.*

Car on peut, sans changer la base ABCD, faire varier l'inclinaison des arêtes sur la base d'une manière quelconque, pourvu qu'elles se terminent au plan de la base supérieure, sans cesser d'être parallèles.

THÉORÈME V.

On peut changer le parallélipipède droit en parallélipipède rectangle équivalent, qui aura une base rectangulaire équivalente à celle du parallélipipède droit et la même hauteur (Pl. VIII, fig. 2).

Soit le parallélipipède droit AH. Des points B et C j'abaisse sur AD, prolongé, s'il est nécessaire, les perpendiculaires BI, CK : sur le côté opposé EH prolongé, s'il est nécessaire, j'abaisse des points I, K les perpendiculaires IL, KM, et j'achève le parallélipipède BICKLFGM qui est

rectangle. Les deux parallélipipèdes ont la même face
BCGF et les faces opposées comprises entre les mêmes
parallèles EM, AK; donc ils sont équivalents, mais ils ont
des bases équivalentes ABCD, IBCK comme parallélogrammes de même base et de même hauteur, et alors ils
ont aussi hauteur égale, AF. Donc le théorème est vrai.

COROLLAIRE. — Il résulte du corollaire précédent et de ce
théorème, que l'on peut changer un parallélipipède oblique
en un parallélipipède rectangle équivalent ayant base équivalente et hauteur égale.

Il suffit donc de savoir évaluer le volume d'un parallélé-
pipède rectangle pour savoir mesurer le parallélipipède
oblique.

On remarquera que les trois arètes contigues d'un parallélipipède rectangle représentent l'une la hauteur du solide,
et les deux autres les dimensions de la base.

THÉORÈME VI.

*Deux parallélipipèdes rectangles de même base sont entr'eux
dans le même rapport que les hauteurs* (Pl. VIII, fig. 3).

Nous pouvons supposer que les bases communes soient
superposées, et soit les deux parallélipipèdes rectangles
ABCDIKLM, ABCDEFGH. Supposons qu'il y ait une commune mesure entre AE et AI, contenue six fois dans AG,
quatre fois dans AI, le rapport de $\frac{AI}{AE}$ sera égal à $\frac{4}{6}$ et si
par tous les points de division de la ligne AE, on mène
des plans parallèles à la base, on décomposera le parallélipipède de hauteur AE en six parallélipipèdes rectangles
égaux, comme ayant bases égales et hauteurs égales, le
parallélipipède de hauteur AI en contiendra quatre. Donc
le rapport de ce solide au premier sera encore $\frac{4}{6}$, le même

que le rapport des hauteurs. La proposition étant vraie, quelque petite que soit la commune mesure des lignes AE, AI est donc générale.

Deux parallélipipèdes rectangles de même hauteur sont dans le rapport des bases.

Soit P et P′ deux parallélipipèdes rectangles dont les trois arêtes contigues seront a, b, c pour le premier a, b' et c' pour le second. Imaginons-en un troisième dont les côtés contigus seraient a, b, c'. Soit P″ ce parallélipipède auxiliaire. En le comparant à P, ils auront même base dont les dimensions seraient a et b. Donc on a $\frac{P}{P''} = \frac{c}{c'}$.

En le comparant aussi à P′ on voit qu'ils ont la même base dont les côtés seraient a, et c'; donc on a $\frac{P''}{P'} = \frac{b}{b'}$. Multipliant ces deux rapports on aura en supprimant P″ l'égalité $\frac{P}{P'} = \frac{bc}{b'c'}$. Or, on sait que ces produits représentent les bases, ou sont au moins proportionnels à ces bases.

Deux parallélipipèdes rectangles sont dans le même rapport que les produits des bases par les hauteurs, ou que les produits des côtés contigus.

Soit P et P′ les deux solides dont les arêtes contigues seront a, b, c, pour le premier et a', b', c' pour le second et soit P″ un troisième parallélipipède rectangle dont les côtés contigus sont a, b', c'.

Comparons P et P″, ils auront même hauteur a et l'on aura $\frac{P}{P''} = \frac{bc}{b'c'}$.

Comparons P″ à P′, ils auront même base $b' \times c'$ et on aura $\frac{P''}{P'} = \frac{a}{a'}$.

Multipliant ces rapports et supprimant P″, on aura

$$\frac{P}{P'} = \frac{a \times bc}{a' \times b'c'}.$$

Ce qui démontre le théorème énoncé.

COROLLAIRE. — Mesurer un parallélipipède rectangle, c'est le comparer à un autre arbitraire ; de même que mesurer une hauteur, ou la surface de la base c'est les comparer à une hauteur et une base arbitraires. Supposant donc que P′ est un cube, dont le côté a' est l'unité de longueur $b' \times c$ sera un carré qui sera l'unité de surface, et l'on voit que le rapport numérique d'un parallélipipède rectangle au cube construit sur l'unité de longueur est égal au produit du rapport de la base à l'unité de surface, multiplié par le rapport de la hauteur à l'unité de longueur.

C'est ce qu'on exprime en disant qu'un *parallélipipède rectangle a pour mesure le produit de sa base par sa hauteur.* Or, d'après le corollaire du théorème 5, on peut aussi dire que le parallélipipède oblique a pour mesure le produit de sa base par sa hauteur.

Mais si l'on peut dire que le parallélipipède rectangle a pour mesure le produit des trois côtés contigus, cet énoncé cesse d'être vrai pour le parallélipipède droit ou oblique.

Définition.

On appelle *section droite* dans un prisme, la section faite par un plan perpendiculaire aux arêtes du prisme.

154

THÉORÈME IX.

Tout prisme oblique est équivalent au prisme droit qui a pour base la section droite du premier et même arête latérale (Pl. VIII, fig. 5).

Il n'est besoin de démontrer le théorème que pour le prisme triangulaire, puisqu'il est toujours facile de décomposer un prisme polygonal en prismes triangulaires de même arête latérale, et dont la somme des sections droites serait la section droite du prisme polygonal.

Soit donc un prisme triangulaire oblique ABCDEF, coupé par un plan perpendiculaire aux arêtes, ce qui détermine la section droite LMN. Prolongeons BE d'une quantité EQ égale à BM, et menons par le point Q un plan parallèle au plan LMN, ce qui détermine une autre section droite PQR et un prisme droit LMNPQR, dont l'arête latérale MQ est, par construction, égale à BE. Faisons glisser le corps LMNABC entre les arêtes AP, CR, de sorte que le triangle LMN reste toujours perpendiculaire à BQ. Le triangle LMN viendra s'appliquer sur PQR quand le point M aura avancé d'une quantité égale à l'arête, mais alors les points A, B, C avancent aussi de la même quantité; donc les deux corps coïncident. Donc aussi le prisme droit est équivalent au prisme oblique puisqu'ils ont une partie commune et deux parties égales.

THÉORÈME X.

Tout plan diagonal décompose un parallélipipède en deux prismes triangulaires équivalents (Pl. VII, fig. 19).

Si le parallélipipède est droit, les deux prismes le sont aussi et sont égaux comme ayant bases égales et même hauteur (Pl. VII, fig. 19).

Mais si le parallélipipède est oblique comme ABCDEFGH (Pl. VIII, fig. 12), en menant par les extrémités B et F d'une même arète deux plans perpendiculaires aux arètes, on déterminera un parallélipipède droit *eFhgaBcd* qui aura même plan diagonal que le premier, et on aura ainsi deux prismes triangulaires droits égaux 'entr'eux. Chacun d'eux sera équivalent en vertu du théorème précédent à chacun des prismes obliques. On en concluera que les deux prismes obliques sont équivalents entr'eux.

COROLLAIRE 1. — Tout prisme triangulaire est la moitié du parallélipipède construit de manière qu'il ait la même hauteur et une base double. Or, le volume de celui-ci est égal à sa base multipliée par sa hauteur; donc celui du prisme triangulaire est égal au produit de sa base, moitié de celle du parallélipipède, 'multipliée par sa hauteur.

COROLLAIRE 2. — Un prisme quelconque peut être partagé en autant de prismes triangulaires de même hauteur qu'on peut former de triangles dans le polygone qui lui sert de base. Mais le volume de chaque prisme triangulaire est égal à sa base multipliée par sa hauteur; et puisque la hauteur est la même pour tous, il s'ensuit que la somme de tous les prismes partiels sera égale à la somme de tous les triangles qui leur servent de bases, multipliée par la hauteur commune. Donc le volume d'un prisme polygonal quelconque est [égal au produit de sa base par sa hauteur.

COROLLAIRE 3. — Si on compare deux prismes qui ont même hauteur, les produits des bases par les hauteurs seront dans le même rapport que les bases; donc *deux prismes de même hauteur sont entr'eux comme leurs bases;* par une raison semblable, *deux prismes de même base sont entr'eux comme leurs hauteurs.*

DIXIÈME ET ONZIÈME LEÇONS.

Définitions.

1. Une *pyramide* est un polyèdre dont l'une des faces est un polygone quelconque et dont toutes les autres faces sont des triangles ayant tous un sommet commun.

2. Ces triangles sont les faces latérales de la pyramide, leur sommet commun est le sommet de la pyramide.

3. La face polygonale est la base de la pyramide, et les intersections successives des faces latérales en sont les arêtes latérales.

4. La hauteur de la pyramide est la distance du sommet à la base.

5. La surface latérale est la somme des surfaces de tous les triangles latéraux.

6. Une pyramide est *triangulaire, quadrangulaire, penta-gonale*, etc., selon que sa base est un *triangle, quadrilatère, pentagone*.

7. Une pyramide triangulaire se nomme aussi *tétraèdre*.

8. Dans un tétraèdre une face quelconque peut être prise pour base. Un tétraèdre est le plus simple des polyèdres, car il faut trois plans au moins pour former un angle solide, et pour fermer cet angle, il faut au moins un quatrième plan.

Si une pyramide est coupée par un plan parallèle à la base,
les arêtes et la hauteur sont coupées en parties proportionnelles
et la section est semblable à la base (Pl. VIII, fig. 10).

Soit la pyramide SABCDE et *sabcde* la section faite par
un plan parallèle au plan de la base et soit O et *o* les points
de rencontre de la hauteur avec ces plans.

Car, 1° les plans ABC, *abc*, étant parallèles, leurs intersections AB, *ab*, par un troisième plan SAB, seront parallèles ; donc les triangles SAB, S*ab*, sont semblables, et on a
$\frac{SA}{Sa} = \frac{SB}{Sb}$; on aurait de même $\frac{SB}{Sb} = \frac{SC}{Sc}$, et ainsi de
suite. Donc tous les côtés SA, SB, SC, etc., sont coupés
proportionnellement en *a*, *b*, *c*, etc. La hauteur SO est
coupée dans le même rapport au point *o* ; car BO et *bo* sont
parallèles, et ainsi on a $\frac{SO}{So} = \frac{SB}{Sb}$.

2° Puisque *ab* est parallèle à AB, *bc* à BC, *cd* à CD, etc.,
l'angle *abc* = ABC, l'angle *bcd* = BCD, et ainsi de suite.
De plus, à cause des triangles semblables SAB, S*ab*, on a
$\frac{AB}{ab} = \frac{SB}{Sb}$; et à cause des triangles semblables SBC, S*bc*,
on a $\frac{SB}{Sb} = \frac{BC}{bc}$; donc $\frac{AB}{ab} = \frac{BC}{bc}$; on aurait de même
$\frac{BC}{bc} = \frac{CD}{cd}$, et ainsi de suite. Donc, les polygones ABCDE,
abcde, ont les angles égaux chacun à chacun et les côtés
homologues proportionnels ; donc ils sont semblables.

COROLLAIRE. — Soient SABCDE, SXYZ, deux pyramides
dont le sommet est commun, et qui ont même hauteur, ou

dont les bases sont situées dans un même plan ; si on coupe ces pyramides par un même plan parallèle au plan des bases, et qu'il en résulte les sections *abcde, xyz* ; je dis que *les sections* abcde, xyz, *seront entr'elles comme les bases* ABCDE, XYZ.

Car les polygones ABCDE, *abcde*, étant semblables, leurs surfaces sont comme les carrés des côtés homologues AB, *ab* ; mais $\frac{AB}{ab} = \frac{SA}{Sa}$; donc $\frac{ABCDE}{abcde} = \frac{\overline{SA}^2}{\overline{Sa}^2}$. Par la même raison, $\frac{XYZ}{xyz} = \frac{\overline{SX}^2}{\overline{Sx}^2}$. Mais puisque *abcxyz* n'est qu'un même plan, on a aussi $\frac{SA}{Sa} = \frac{SX}{Sx}$; donc $\frac{ABCDE}{abcde} = \frac{XYZ}{xyz}$; donc les sections *abcde, xyz* sont entr'elles comme les bases ABCDE, XYZ. Donc, si ces bases sont équivalentes, les sections faites à égale hauteur sont aussi équivalentes.

THÉORÈME II.

Deux pyramides triangulaires qui ont des bases équivalentes et même hauteur sont équivalentes (Pl. VIII, fig. 7).

Soient SABC, *sabc* les deux pyramides dont les bases ABC, *abc*, que l'on peut supposer placées sur un même plan et qui sont équivalentes. Supposons de plus que TA soit la hauteur commune aux deux pyramides et supposons-la partagée en un certain nombre de parties égales.

Par chacun des points de division faisons passer des plans parallèles au plan des bases : les sections faites par ces plans dans les deux pyramides seront équivalentes telles que DEF et *def*, GHI et *ghi*, etc.

Cela posé, sur les triangles ABC, DEF, GHI et pris pour bases, construisons des prismes extérieurs dont les arêtes

soient toutes parallèles à SA, et dont les longueurs soient
AD, DG, GK, etc. De même, sur les triangles *def*, *ghi*,
klm, etc., pris pour bases, construisons des prismes intérieurs qui aient pour longueurs d'arêtes les parties correspondantes de l'arête S*a*, tant en direction qu'en longueur.

La différence entre les deux sommes de prismes sera plus
grande que la différence des deux pyramides.

Or, la différence des deux sommes de prismes est le
prisme de base ABC et ayant pour hauteur l'une des parties
de la hauteur commune TA.

Cette différence peut être regardée comme moindre que
toute quantité donnée aussi petite qu'on voudra, puisque
l'on peut partager la hauteur en parties aussi petites qu'on
veut.

Donc la différence des deux pyramides doit être regardée
comme nulle, et les deux solides sont équivalents.

On pourrait aussi dire que chaque pyramide est la limite
de la somme des prismes construits sur chaque section.

THÉORÈME III.

Toute pyramide triangulaire est le tiers d'un prisme triangulaire de même base de même hauteur (Pl. VIII, fig. 9).

Soit SABC une pyramide triangulaire. Je mène par les
points B, C, des parallèles à SA que je termine à leurs
points de rencontre avec un plan parallèle à ABC, mené
par le sommet S. Je joins les trois points S, D, F, et
j'obtiens ainsi le prisme triangulaire, de même base et de
même hauteur que la pyramide.

Or, ce prisme se compose de la pyramide donnée et d'une
pyramide quadrangulaire SDBCF. Joignons DC, la pyramide

quadrangulaire sera décomposée en deux triangulaires ayant même sommet S, et des bases égales, car les deux triangles BDC, DCF sont les moitiés du parallélogramme BDCF. Ces deux pyramides sont équivalentes.

Mais la pyramide SDFC peut être regardée comme ayant le sommet en C, et pour base SDF. Alors elle aura même base que la pyramide donnée et même hauteur, puisque les sommets sont situés sur les plans des bases qui sont parallèles.

Donc les trois pyramides sont équivalentes, et, comme réunies elles forment le prisme, on en déduit que la pyramide donnée est le tiers du prisme de même base et de même hauteur.

Corollaire 1. — On peut étendre ce théorème à la pyramide polygonale. Car le prisme polygonal de même base et de même hauteur pourra se décomposer en autant de prismes triangulaires que la pyramide en pyramides triangulaires de même base et hauteur.

Corollaire 2. — Le volume de la pyramide triangulaire ou polygonale étant le tiers du volume du prisme de même base et de même hauteur, *le volume de la pyramide aura pour mesure le tiers du produit de la base par sa hauteur.*

Définition.

1. Si l'on coupe une pyramide par un plan, et que l'on ôte la pyramide qui aurait pour base la section faite par le plan sécant, le corps qui reste s'appelle *tronc de pyramide.*

2. Si le plan sécant est parallèle à la base de la pyramide, le tronc sera dit à *bases parallèles,* leur distance en est la hauteur.

THÉORÈME IV

Un tronc de pyramide à bases parallèles est équivalent à la somme de trois pyramides ayant pour hauteur la hauteur du tronc, et pour bases, l'une la grande base du tronc, l'autre la petite base du tronc, et la troisième une moyenne proportionnelle entre les deux bases (Pl. VIII, fig. 6).

Examinons d'abord le cas où le tronc appartiendrait à une pyramide triangulaire SABC, coupée par un plan parallèle qui détermine la section DEF semblable à ABC et le tronc ABCDEF.

Par les trois points A, E, C faisons passer un plan qui décompose le tronc en deux pyramides, l'une triangulaire EABC, qui, ayant pour base la grande base du tronc et son sommet sur le plan de la base supérieure, est la première des pyramides désignées, et l'autre, EDACF, pyramide quadrangulaire que nous décomposerons en deux triangulaires, en menant un plan par les trois points D, E, C. L'une de ces pyramides peut être regardée comme ayant le sommet en C, et pour base la base restante du tronc. Elle aura donc même hauteur que le tronc puisque son sommet est situé sur un plan parallèle à la base du tronc, et sera la seconde des pyramides désignées. La pyramide restante EDAC est équivalente à une pyramide de même base, mais dont le sommet serait sur une parallèle à DE, menée par le point E, dans le plan SAB; par exemple, en G, car la ligne EG parallèle à AD, située dans le plan DAC, est parallèle à ce plan et alors les deux pyramides EDAC, GDAC qui ont même base ont aussi même hauteur, et sont équivalentes. Mais la pyramide GDAC peut être regardée comme ayant le sommet en D, et pour base GAC. Elle a donc même hauteur que le tronc, et nous allons montrer que sa base est moyenne proportionnelle entre les bases du tronc. Elle sera bien alors la troisième pyramide désignée.

Menons dans le plan ABC, la ligne GH parallèle à BC, et par suite, à EF. Le triangle AGH est égal à DEF, car ils sont équiangles comme ayant les côtés parallèles et DE = AG comme côtés opposés d'un parallélogramme. Mais les triangles AGH, AGC regardés comme ayant leur sommet en G, ont même hauteur, donc $\dfrac{ACH}{AGC} = \dfrac{AH}{AC}$.

De même les triangles AGC, ABC regardés comme ayant le sommet en C, ont même hauteur et sont dans le rapport des bases. Donc $\dfrac{AGC}{ABC} = \dfrac{AG}{AB}$.

Mais à cause de la parallèle GH à la base BC les rapports $\dfrac{AH}{AC}$ et $\dfrac{AG}{AB}$ sont égaux ; donc

$$\frac{AGH}{AGC} = \frac{AGC}{ABC}.$$

Ce qui prouve que la base de la troisième pyramide est moyenne proportionnelle entre les deux bases du tronc.

Supposons maintenant que l'on considère un tronc à bases parallèles ABCDE, abcde, dans une pyramide polygonale SABCDE (Pl. VIII, fig. 14).

Imaginons une pyramide triangulaire TFGH, de base équivalente et de hauteur égale, coupée par un plan distant du sommet de la même quantité que le plan sécant l'est du sommet de la pyramide polygonale. La section polygonale abcde et triangulaire fgh étant dans le rapport des bases seront équivalentes, et les deux petites pyramides seront équivalentes aussi. Donc les troncs sont équivalents. Or, les trois pyramides triangulaires dont se compose le tronc triangulaire peuvent se remplacer par trois pyramides de

même hauteur et ayant pour bases, les bases du tronc polygonal. Donc enfin, le tronc polygonal est aussi équivalent à
trois pyramides de même hauteur que le tronc, et ayant
pour bases, la grande base, la petite base et une moyenne
proportionnelle entre les deux bases.

REMARQUE. — La première pyramide aura pour expres-
sion de son volume $\dfrac{H}{3} \times B$ en appelant H la hauteur du
tronc, B et b les bases. La seconde pyramide aura pour
volume $\dfrac{H}{3} \times b$ et la troisième aura pour expression
$\dfrac{H}{3} \times \sqrt{\overline{Bb}}$. Donc l'expression du volume d'un tronc de
pyramide à bases parallèles sera

$$(B + b + \sqrt{\overline{Bb}}) \times \frac{H}{3}.$$

DOUZIÈME LEÇON.

Définitions.

1. On appelle *polyèdres semblables* ceux qui sont compris
sous un même nombre de faces semblables chacune à chacune, et dont les angles polyèdres homologues sont égaux.

2. Les angles homologues sont ceux qui sont formés par
des faces semblables. Les sommets de ces angles sont des
sommets homologues.

3. Deux arètes, deux diagonales sont homologues quand elles joignent deux sommets homologues.

4. Deux angles dièdres homologues sont ceux qui sont formés par des faces semblables.

En coupant une pyramide par un plan parallèle à la base, on détermine une pyramide partielle semblable à la première (Pl. VIII, fig. 8).

Soit A′B′C′D′ la section faite dans la pyramide SABCD par un plan parallèle à la base. Je dis que la pyramide S′A′B′C′D′ est semblable à la pyramide SABCD.

D'abord leurs faces sont semblables chacune à chacune, car la base et la section étant parallèles, leurs intersections par les plans des faces sont parallèles, et on sait qu'en coupant un triangle par une parallèle à la base, on obtient un second triangle semblable au premier. Quant aux polygones ABCD, A′B′C′D′, on sait qu'ils sont semblables (V. th. 1, leç. 10 et 11).

Je dis, en second lieu, que les angles polyèdres homologues sont égaux. L'angle en S leur est commun; quant aux angles trièdres A et A′, si on fait coïncider l'angle plan B′A′D′ avec BAD, le plan SA′B′ coïncidera avec le plan SAB, parce que les angles dièdres AB, A′B′ sont égaux comme correspondants. De même, le plan SA′D′ coïncidera avec SAD par la même raison. Donc les angles A et A′ sont égaux.

On démontrerait de même l'égalité de tous les autres angles solides. Donc les deux pyramides sont semblables.

THÉORÈME II.

Deux pyramides triangulaires qui ont un angle dièdre égal compris entre deux faces semblables et semblablement placées sont semblables (Pl. VIII, fig. 4).

Soit SABC, S'A'B'C' deux pyramides triangulaires qui ont l'angle dièdre SA égal à S'A' et les deux faces ASB, ASC respectivement semblables à A'S'B', A'S'C' et supposons-les, en outre, disposées de la même manière.

Prenons sur l'arète SA une quantité SA″ égale à S'A', et par le point A″ menons un plan parallèle à la base ABC. Nous obtenons ainsi la pyramide SA″B″C″ semblable à SABC. Je dis qu'elle est égale à S'A'B'C'. Les angles dièdres SA″, S'A' sont égaux par hypothèse et les faces SA″B″, SA″C″ semblables aux faces SAB, SAC sont aussi semblables à S'A'B', S'A'C', et même leur sont égales, puisque SA″ = S'A'.

Donc, si je superpose les triangles S'A'C', SA″C″, le plan S'A'B' prendra la direction SA″B″ et les deux triangles coïncideront. Le point B' tombant en B″, les deux pyramides sont égales. Donc SA'B'C' est semblable à SABC.

COROLLAIRE. — Les arètes homologues de deux pyramides triangulaires semblables sont toutes dans le même rapport.

TREIZIÈME LEÇON.

THÉORÈME I.

Deux polyèdres semblables sont décomposables en un même nombre de pyramides triangulaires semblables chacune à chacune, et semblablement placées (Pl. IX, fig. 1).

Imaginons que toutes les faces semblables des deux polyèdres aient été décomposées en un même nombre de triangles semblables et semblablement placées et sur deux triangles ABC, A'B'C' semblables pris dans chaque polyèdre ; construisons deux pyramides triangulaires semblables dont les sommets S, S' soient, par exemple, dans l'intérieur de chaque polyèdre.

Soient ADC, A'D'C' les deux triangles qui ont, avec les triangles primitivement choisis, le côté commun AC. Il peut arriver deux cas :

1° Les triangles ABC, ACD font partie d'une face dans le polyèdre S : alors les triangles A'B'C', A'C'D' font aussi partie d'une face dans le second polyèdre.

2° Les triangles ABC, ACD sont dans deux faces différentes dans le polyèdre S ; alors les triangles A'B'C', A'C'D' font aussi partie de deux faces différentes dans le second polyèdre.

Les intersections de ces faces sont alors AC, A'C' et les angles dièdres dont ces lignes sont les arêtes sont égaux.

Considérons les deux pyramides triangulaires SACD, S'A'C'D'. Je dis qu'elles sont semblables, car les deux faces ACD, A'C'D' le sont par hypothèse et les faces SAC, S'A'C' le sont comme appartenant à deux pyramides triangulaires SABC, SA'B'C' semblables par construction.

Or, si les deux triangles ABC, ACD sont dans un même plan ainsi que A'B'C', A'C'D', l'angle dièdre formé par les faces SAC, DAC est le supplément de l'angle dièdre formé par les faces SAC, ABC : de même que l'angle dièdre des faces S'A'C', D'A'C' est le supplément de l'angle dièdre des faces S'A'C', A'B'C'.

Mais, par construction, les angles dièdres SACB, S'A'C'B' sont égaux; donc les angles dièdres SACD, S'A'C'D' le sont aussi.

Si les deux triangles ABC, ACD ne sont pas dans le même plan, on a vu qu'il en était de même pour les triangles A'B'C', A'C'D'.

Alors les angles dièdres BACD, B'A'C'D' sont égaux par hypothèse, et retranchant les dièdres égaux par construction SACB, S'A'C'B', il en résultera l'égalité des angles dièdres SACD, S'A'C'D'.

Les deux pyramides SACD, S'A'C'D' sont donc semblables dans tous les cas (leç. 12, th. 2).

On démontrerait de même que les pyramides triangulaires de sommet S et S' ayant pour bases les triangles qui ont un côté AD, A'D' commun avec les précédents, sont aussi semblables : donc toutes les pyramides de sommet S, et ayant pour bases les triangles qui forment la surface extérieure du premier polyèdre auront leur semblable dans le polyèdre S'. Ces pyramides qui ont toutes une face commune, composent le volume de chaque polyèdre, puisque, sans se pénétrer, elles ne laissent entr'elles aucun vide.

THÉORÈME II.

Deux pyramides triangulaires semblables sont dans le rapport des cubes des côtés homologues ou des cubes des hauteurs (Pl. VIII, fig. 13).

On peut toujours placer deux pyramides triangulaires semblables, de sorte qu'elles aient un angle solide commun. Soit donc SABC, SDEF les deux pyramides semblables, SI, SH leurs hauteurs. On sait que les triangles semblables ABC, DEF sont dans le rapport des carrés de leurs distances au sommet. On a donc $\dfrac{DEF}{ABC} = \dfrac{\overline{SI}^2}{\overline{SH}^2}$ et

$$\frac{DEF \times SI}{ABC \times SH} = \frac{\overline{SI}^3}{\overline{SH}^3}.$$

Mais la pyramide SDEF est le tiers de DEF $\times$ SI et la pyramide SABC est le tiers de ABC $\times$ SH. Donc on a aussi $\dfrac{SDEF}{SABC} = \dfrac{\overline{SI}^3}{\overline{SH}^3}$, et comme les arêtes et la hauteur sont coupées par le plan DEF, en parties proportionnelles, on a aussi $\dfrac{SDEF}{SABC} = \dfrac{\overline{SD}^3}{\overline{SA}^3}$.

THÉORÈME III.

Deux polyèdres semblables sont dans le rapport des cubes de leurs côtés homologues.

On sait que dans deux tétraèdres semblables, les arêtes homologues sont toutes dans le même rapport.

Or, on a prouvé que deux polyèdres semblables étaient décomposables en un même nombre de pyramides triangulaires semblables ayant successivement une face commune. Donc, dans tous ces tétraèdres, le rapport de deux arêtes homologues est constant, et par conséquent le même que le rapport de deux arêtes communes aux deux pyramides et aux deux polyèdres.

Désignons par V_1, V_2, V_3 et v_1, v_2, v_3, etc., les pyramides semblables qui composent ces polyèdres, et soient A et a deux côtés homologues des deux polyèdres, on aura la suite de rapports égaux

$$\frac{V_1}{v_1} = \frac{V_2}{v_2} = \frac{V_3}{v_3}, \text{ etc.....} = \frac{A^3}{a^3},$$

et on en déduira, d'après un théorème connu d'Arithmétique :

$$\frac{V_1 + V_2 + V_3 \cdots}{v_1 + v_2 + v_3 \cdots} = \frac{A_3}{a_3}.$$

Or, le numérateur et le dénominateur représentent les volumes des deux polyèdres ; donc le théorème est démontré.

LIVRES VII ET VIII.

LES PROPRIÉTÉS ET LA MESURE DES SURFACES DE RÉVOLUTION.

QUATORZIÈME ET QUINZIÈME LEÇONS.

Définitions.

1. On appelle *cône droit à base circulaire,* le corps solide engendré par la révolution d'un triangle rectangle tournant autour d'un des côtés de l'angle droit.

2. Le côté autour duquel se fait la révolution est l'*axe* du cône et l'hypoténuse de ce triangle est la *génératrice.*

3. On a vu que toutes les perpendiculaires menées en un même point d'une droite sont dans un plan perpendiculaire à la droite ; donc l'autre côté décrit un plan et son extrémité décrit un cercle que l'on appelle *la base du cône.*

4. L'axe du cône prend aussi le nom de *hauteur.* L'une de ses extrémités est le centre du cercle de base, l'autre extrémité est le sommet du cône.

5. Il résulte de cette définition que, si l'on fait passer un

plan par l'axe du cône, ce plan coupera la surface extérieure du cône suivant deux génératrices qui feront avec
l'axe, et par conséquent entr'elles un angle constant.

6. La surface extérieure d'un cône se nomme *surface latérale* quand on n'y comprend pas la surface du cercle de
base. Cette surface latérale peut être regardée comme
engendrée par la révolution d'une droite, qui en passant
constammment par un point fixe, ferait un angle constant
avec une droite donnée de position.

7. Le cône ainsi considéré est une surface indéfinie qui
se prolonge au-delà du sommet, et se compose de deux
parties identiques que l'on nomme *nappes du cône*.

THÉORÈME 1.

*Toutes les sections faites dans un cône droit à base circu-
laire par des plans parallèles à la base sont des circonférences
de cercle* (Pl. IX, fig. 5).

Car, si d'un point D de l'hypoténuse du triangle générateur SOA, on abaisse une perpendiculaire DP sur l'axe
SO du cône, et que l'on fasse tourner le triangle autour de
SO, la ligne PD, ne cessant pas d'être perpendiculaire à
l'axe, engendrera un plan perpendiculaire à cet axe, et par
conséquent parallèle à la base, et dans ce plan, l'extrémité
D étant à une distance invariable du point P, se trouvera
sur une circonférence de cercle, dont le centre est P.

REMARQUE. — Puisque la section plane PD est un cercle,
et que les aires des cercles sont dans le même rapport que
les carrés de leurs rayons, on aura

$$\frac{cercle\ PD}{cercle\ OA} = \frac{\overline{PD}^2}{\overline{OA}^2}.$$

Mais les triangles semblables SPD, SOA donnent

$$\frac{PD}{OA} = \frac{SP}{SO}.$$

Donc les circonférences de la base et d'une section parallèle sont dans le même rapport que les distances des plans
au sommet, et les aires de ces sections sont dans le même
rapport que les carrés de ces distances.

THÉORÈME II.

*La surface latérale d'un cône droit à base circulaire a pour
mesure la circonférence de la base multipliée par la moitié de la
génératrice* (Pl. IX, fig. 7).

Soit S le sommet d'un cône, et SAB la section principale
faite par un plan mené par l'axe de ce cône. Soit AMNB le
cercle de base. Je dis que la surface latérale de ce cône a
pour mesure la circonférence OB multipliée par la moitié
de SB. Inscrivons, dans le cercle de base, un polygone régulier quelconque, et soit MN l'un des côtés de ce polygone.
Si on joint le point S à tous les sommets de ce polygone, on
obtiendra une pyramide que l'on appelle inscrite dans le
cône. Toutes les faces de cette pyramide sont des triangles isocèles égaux entr'eux, car toutes les génératrices
sont égales, comme obliques s'écartant également du pied
O de la perpendiculaire et tous les triangles tels que SMN
ont les trois côtés égaux. Donc, pour mesurer la surface
latérale de la pyramide, il suffit de mesurer une des faces
SMN de la pyramide. Or, si du point O je mène une perpendiculaire OI sur MN et que je joigne SI, cette ligne sera,
en vertu du théorème des trois perpendiculaires, la hauteur du triangle SMN. La surface de ce triangle sera donc

MN $\times \frac{1}{2}$ SI et la surface latérale de la pyramide sera *périm.* MN $\times \frac{1}{2}$ SI.

Mais si le nombre des côtés du polygone va en croissant indéfiniment, l'on sait que le périmètre tend à devenir égal à la circonférence et chaque côté diminuant, s'éloigne de plus en plus du centre, de sorte que le point I, tendant à devenir un point du cercle, la ligne SI tend à devenir égale à la génératrice. Donc, en considérant la surface du cône comme la limite de la surface de la pyramide inscrite, on voit que *cette surface est égale à la circonférence de sa base, multipliée par la moitié de la génératrice.*

Si on appelle R le rayon de la base, H la hauteur du cône, la surface latérale sera exprimée par $\pi R \sqrt{R^2 + H^2}$. Car le côté SB vaut $\sqrt{R^2 + H^2}$, à cause du triangle SOB, dont les côtés de l'angle droit sont R et H.

Définition.

Si on coupe un cône par un plan parallèle à la base et qu'on retranche le cône qui a pour base la section, on obtiendra un corps qui a reçu le nom de *tronc de cône à bases parallèles.*

Ce corps peut être regardé comme engendré par un trapèze rectangle qui tournerait autour du côté perpendiculaire aux bases parallèles. Le côté oblique aux bases engendre, par sa révolution, la surface latérale du tronc et se nomme *côté du tronc.*

La distance des deux bases parallèles est la *hauteur du tronc.*

La surface latérale d'un tronc de cône est égale à son côté multiplié par la demi-somme des circonférences des bases parallèles, ou, en d'autres termes, *la surface engendrée par une droite qui tourne autour d'une autre, en faisant avec cette autre un angle constant est égale à cette droite multipliée par la circonférence que décrit son point milieu* (Pl. IX, fig. 7).

Soit SAB un cône qui, coupé par le plan CD, parallèle au plan de la base, détermine le tronc ABCD. Inscrivons dans le cercle AB un polygone régulier dont BQ est un côté et par chaque côté et le point S, menons des plans qui détermineront dans le cercle CD un autre polygone semblable au premier et régulier. Nous aurons ainsi un tronc de pyramide polygonal inscrit dans le tronc de cône et les faces de ce tronc seront toutes des trapèzes isocèles égaux entr'eux, car on sait déjà que tous les triangles tels que SPD, SBQ sont isocèles et égaux. Or, si on mène OF au milieu de BQ, et qu'on joigne SF. Cette ligne est perpendiculaire à BQ et PD. Or, l'aire du trapèze est égale à $\frac{EF}{2} \times$ (BQ + PD). Donc la surface latérale du tronc polygonal sera égale à $\frac{EF}{2} \times$ (*périm.* BQ + *périm.* PD). Mais si on passe à la limite, comme dans le théorème 2, on en concluera que *la surface latérale du tronc est égale à son côté, multiplié par la demi-somme des circonférences des bases.*

Du point M milieu de BD, menons MH perpendiculaire à l'axe. Dans le trapèze BOID on a démontré que HM est égal à la demi-somme des bases ID + OB. On aura donc

$$2_\pi HM = \frac{2_\pi ID + 2_\pi OB}{2},$$

c'est-à-dire que la circonférence IIM est égale à la demi-somme des circonférence des bases : on peut donc dire que *la surface latérale du tronc de cône est égale à son côté multiplié par la circonférence que décrit son milieu.*

Le volume d'un cône est égal au tiers du produit de sa base par sa hauteur (Pl. IX, fig. 4).

Soit SAB un cône droit, dans la base duquel nous inscrirons un polygone régulier dont MN soit le côté, si par chacun des côtés de ce polygone et par le point S nous menions des plans, nous obtiendrons une pyramide régulière dont le volume aura pour expression la surface de ce polygone multiplié par $\frac{SO}{3}$.

Si on suppose que le nombre des côtés du polygone aille en croissant indéfiniment, le volume de cette pyramide aura pour limite le volume du cône, et la surface du polygone aura pour limite l'aire du cercle.

Donc le volume du cône est égal au tiers du produit de sa base par sa hauteur.

Si on désigne par R le rayon de la base, par H la hauteur, le volume aura pour expression $V = \frac{1}{3}\pi R^2 H$.

Le volume d'un tronc de cône à bases parallèles est égal à la somme des volumes de trois cônes qui auraient pour hauteur commune la hauteur du tronc et pour bases l'un la grande base du tronc, l'autre la petite base, et le troisième une moyenne proportionnelle entre les deux bases.

Car, inscrivant dans le tronc de cône un tronc de pyramide polygonal ainsi qu'on l'a fait dans le théorème 3, le volume de ce tronc de pyramide polygonal sera égal à la somme de trois pyramides ayant même hauteur que le tronc et pour bases, l'un la grande base, l'autre la petite base et la troisième une moyenne proportionnelle entre les deux bases. Passant à la limite, on aura pour le volume du tronc le volume énoncé.

Si on désigne par H la hauteur du tronc, par R et r les rayons des bases, les volumes des trois cônes seront $\frac{1}{3}\pi R^2 H$, $\frac{1}{3}\pi r^2 H$, $\frac{1}{3}\pi R r H$. Donc l'expression du volume du tronc que nous appellerons V, sera

$$V = \frac{1}{3}\pi H(R^2 + r^2 + Rr).$$

Soit ABDE un tronc de cône appartenant au cône SBA (Pl. IX, fig. 5).

Imaginons une pyramide triangulaire de même hauteur que le cône et dont la base FGH soit équivalente au cercle de rayon OA. Si l'on coupe cette pyramide par un plan parallèle à la base et mené à la même distance du sommet T que le plan DE du sommet S, le triangle IKL ainsi obtenu sera équivalent au cercle DE, puisque le rapport des sections dans le cône et dans la pyramide est le même.

La grande pyramide et la petite sont équivalentes au grand cône et au petit cône, donc le tronc de cône sera équivalent au tronc de pyramide triangulaire et on pourra en déduire le volume énoncé.

SEIZIÈME LEÇON.

Définitions.

1. Le cylindre droit à bases circulaires est le solide engendré par la révolution d'un rectangle tournant autour d'un de ses côtés qui prend le nom d'*axe* ou *hauteur* du cylindre. Les côtés perpendiculaires à l'axe décrivent deux cercles égaux et parallèles, et le côté opposé à l'axe qui décrit la surface latérale de ce cylindre, se nomme arète du cylindre. Les cercles décrits par les côtés sont les *bases du cylindre.*

2. Un point quelconque de l'arète décrit une circonférence égale et parallèle aux cercles de base : il en résulte que les sections du cylindre droit, faites par des plans parallèles aux bases, sont des cercles égaux à ces bases.

THÉORÈME I.

La surface latérale d'un cylindre droit à bases circulaires, a pour mesure le produit de sa hauteur par la circonférence de la base, et le volume du même cylindre a pour mesure l'aire du cercle de base multipliée par la hauteur (Pl. IX, fig. 8).

Inscrivons, dans la base du cylindre, un polygone régulier. Construisons un prisme droit qui ait ce polygone pour base et de même hauteur que le cylindre. La surface latérale de ce prisme sera la surface du rectangle ABA'B' répété autant de fois qu'il y a de côtés. Mais la surface de ce rectangle est $AA' \times AB$; donc la surface latérale du prisme sera AA $\times$ *périm.* AB, et passant à la limite, la surface du cylindre sera sa hauteur multipliée par la circonférence de la base. Pareillement, le volume du prisme étant sa hauteur multipliée par l'aire du polygone, on trouvera, en passant à la limite, que le volume du cylindre a pour mesure l'aire du cercle de sa base, multipliée par sa hauteur. Si on désigne par H la hauteur d'un cylindre, par R le rayon de sa base, on aura pour expression de la surface latérale 2_πRH, et pour expression de son volume $_\pi$R^{2}H.

Définitions.

1. On appelle *surface cylindrique* en général, la surface engendrée par une droite qui se meut parallèlement à elle-même en glissant le long d'une courbe donnée appelée *directrice.*

2. Si la droite mobile, nommée *génératrice,* a une longueur finie, tandis que l'une des extrémités parcourt la directrice, l'autre extrémité parcourt une courbe plane égale à la première et qui lui est aussi parallèle. Ces deux faces sont les bases du cylindre et leur distance en est la hauteur.

3. Le cylindre est *droit ou oblique,* suivant que la génératrice est perpendiculaire ou oblique au plan des bases.

THÉORÈME I.

Dans un cylindre à bases circulaires, la droite qui joint les centres des bases est parallèle à la génératrice (Pl. IX, fig. 6).

Soit un cylindre dont les cercles de bases ont pour centres C, E. Menons un diamètre ACB dans l'une des bases et les deux arètes aux extrémités de ce diamètre. Ces arètes déterminent un plan qui coupe le plan de l'autre base du cylindre suivant une droite DO égale à AB, puisque la figure

ABOD est un parallélogramme, puisque AD est égal et
parallèle à BO. Donc DO, étant égal à AB, est le diamètre
de la base supérieure.

DIX-SEPTIÈME ET DIX-HUITIÈME LEÇONS.

Définitions.

1. La *sphère* est un solide terminé par une surface
courbe qu'on nomme *surface sphérique,* dont tous les points
sont équidistants d'un point nommé *centre,* non situé sur la
surface.

On peut imaginer que la sphère est produite par la révolution du demi-cercle AFDGB (Pl. IX, fig. 2) autour du
diamètre AB, car la surface décrite par ce mouvement
aura tous ses points équidistants du centre C.

2. Le *rayon* de la sphère est une ligne droite menée du
centre à un point de la surface; le *diamètre* ou *axe* est une
ligne droite, passant par le centre, et terminée de part et
d'autre à la surface.

Tous les rayons de la sphère sont égaux; tous les diamètres sont égaux et doubles du rayon.

3. Il sera démontré que toute section plane de la sphère est
un cercle; cela posé on appelle *grand cercle* la section plane
qui passe par le centre, *petit cercle* celle qui n'y passe pas.

4. Un *plan* est *tangent* à la sphère quand il n'a qu'un
point commun avec sa surface.

5. Le *pôle d'un cercle* de la sphère est un point de la
surface également distant de tous les points de la circonférence de ce cercle. On fera voir que tout cercle grand
ou petit a toujours deux pôles.

6. On appelle *zone* la partie de la surface de la sphère comprise entre deux plans parallèles qui en sont les *bases*. L'un de ces plans peut être tangent à la sphère, alors la zone n'a qu'une base.

7. Le *segment sphérique* est la portion du volume de la sphère comprise entre deux plans parallèles qui en sont les bases.

L'un de ces plans peut être tangent à la sphère, et alors le segment sphérique n'a qu'une base.

8. L'*axe* ou la *hauteur* d'une zone et d'un segment est la distance des bases de la zone ou du segment.

Si la zone ou le segment n'ont qu'une base, la hauteur est la portion de diamètre comprise entre la base et la surface sphérique.

9. Tandis que le demi-cercle AFDB tourne autour de AB, le secteur circulaire FCG décrit un solide qu'on nomme *secteur sphérique*.

THÉORÈME I.

Toute section plane de la sphère est un cercle (Pl. IX, fig. 2).

Si le plan sécant passe par le centre C de la sphère, la section sera un cercle, car, en joignant le point C à tous les points de la courbe, ces lignes seront égales comme rayons de la sphère, et la courbe plane, ayant tous ses points équidistants d'un point intérieur, est un cercle de même rayon que la sphère.

Supposons que le plan sécant ne passe pas au centre de la sphère et abaissons du centre C de la sphère, la perpendiculaire CO sur ce plan. Si l'on joint le point C à divers points de la courbe, toutes ces lignes seront égales comme rayons de la sphère, et comme, par rapport au plan, ce sont des obliques égales, elles doivent être équidistantes du pied O de la perpendiculaire au plan. Donc, tous les points de la section étant tous équidistants du point O, la courbe est un cercle.

Il résulte de ce qui précède que le plus grand cercle possible a lieu quand le plan passe au centre de la sphère, c'est pourquoi la section prend alors le nom de *grand cercle,* et par opposition, dans tous les autres cas, la section prend le nom de *petit cercle.*

COROLLAIRE 1. — Deux grands cercles d'une sphère se coupent en deux parties égales, car leur intersection étant une droite qui passe par le centre de la sphère est un diamètre de ces deux cercles.

COROLLAIRE 2. — *Tout grand cercle coupe la sphère en deux parties égales.* Car, si on retourne la partie AFDB pour l'appliquer sur la partie AHIB, de façon que les plans ACB soient confondus; tous les points de l'une des parties coïncideront avec les points de la seconde, puisque tous les points sont équidistants du centre.

Ces deux parties se nomment, par cette raison, *hémisphères.*

COROLLAIRE 3. — *Le rayon d'une sphère, le rayon d'un petit cercle et la distance du petit cercle au centre de la sphère forment un triangle rectangle dont le rayon de la sphère est l'hypoténuse.* Or, dans une même sphère, si l'on fait varier dans un sens ou dans l'autre la distance du plan sécant au centre, le rayon de la section doit varier en sens inverse, puisque le carré de l'hypoténuse qui est égal à la somme des carrés des deux autres côtés est invariable.

D'où l'on peut déduire que :

Si deux petits cercles sont égaux, ils sont également éloignés du centre de la sphère, et réciproquement.

Si deux petits cercles sont inégaux, le plus grand est le moins éloigné, et réciproquement.

COROLLAIRE 4. — *Une droite ne peut couper la sphère en plus*

de *deux points*. Car si on mène un plan par cette droite et
par un point intérieur à la sphère, la droite qui est située
dans ce plan, ne peut couper la sphère qu'en des points de
la circonférence résultant de l'intersection de la sphère et
du plan, et on sait qu'une droite ne peut couper une circonférence en plus de deux points.

REMARQUE 1. — *Par deux points donnés sur la surface d'une
sphère on peut toujours faire passer un grand cercle*. Car si
ces deux points et le centre ne sont pas en ligne droite, on
peut toujours conduire un plan par ces trois points ; et si
ces trois points sont en ligne droite, on peut en faire passer
une infinité. Dans tous les cas ces plans coupent la sphère
suivant des grands cercles. Il n'y en aura donc qu'un seul si
les points et le centre ne sont pas en ligne droite, et une
infinité dans le cas contraire.

REMARQUE 2. — Le centre d'un petit cercle et celui de la
sphère sont sur une même perpendiculaire au plan du petit
cercle.

*Si, d'un point pris sur la surface d'une sphère avec un compas
à branches recourbées, on trace sur cette surface une courbe,
elle sera un cercle* (Pl. IX, fig. 2).

Il suffit de prouver que cette courbe est plane.

Soit FM'MG la courbe tracée du point D avec une ouverture invariable DM. Du point F, menons FQ perpendiculaire sur le diamètre CD de la sphère qui passe au point
donné et joignons OF, OM, OM', DM, DM', DF, EM,
EM', EF.

Tous les triangles DFE, DME, DM'E sont tous rectangles
comme inscrits dans des demi-grands cercles, et ils ont
l'hypoténuse commune et un côté égal par hypothèse.

Donc tous les angles en D sont égaux, et les triangles DFO, DMO, DM'O seront égaux comme ayant un angle égal compris entre côtés égaux. Donc tous les angles en O seront égaux, et par suite droits. Donc la courbe est plane, et par suite est un cercle.

Les extrémités d'un diamètre perpendiculaire au plan d'un grand cercle seront les pôles de ce grand cercle et de tous les petits cercles qui lui sont parallèles (Pl. IX, fig. 2).

Soit ANB un grand cercle, et soit DCE le diamètre perpendiculaire à ce plan : DC étant perpendiculaire au plan ANB est perpendiculaire aux droites CA, CN, CN' menées par son pied dans le plan. Donc les angles étant droits, les arcs DA, DN, DN' sont des quadrants. Donc les points D et E sont, sur la sphère, également éloignés de tous les points du cercle ANB et sont les pôles de ce cercle.

En second lieu, le rayon DC perpendiculaire à ANB est perpendiculaire à son parallèle FMG; donc, il passe par le centre O du cercle FMG. Donc les obliques DG, DM, DM sont égales, et sous-tendent des arcs égaux. Les points D, E sont donc aussi les pôles du cercle FMG.

Si, d'un point pris sur la surface d'une sphère, avec un compas sphérique, on trace sur la surface une courbe, cette courbe sera un cercle (Pl. IX, fig. 10).

Il suffit de prouver que cette courbe est plane. Soit donc ABRC la courbe tracée du point D avec une distance invariable DR. Tirons le diamètre DOE de la sphère, menons du point R sur DO la perpendiculaire RI et joignons RD, RE. Imaginons qu'on joigne aussi divers points A, B, C de la courbe aux points D, E, I, on aurait ainsi une série de triangles rectangles tous égaux, comme ayant même hypoténuse DE, et un côté invariable DR. Donc, si du sommet de l'angle droit on abaissait des perpendiculaires à l'hypoténuse, elles la couperaient toutes au même point, c'est-à-dire en I. Or, on sait que les perpendiculaires à une même droite menées par un même point sont toutes dans un plan ; donc la courbe est plane, et est un cercle dont les points D, E sont les pôles.

REMARQUE 1. — On appellera *rayon sphérique ou polaire* d'un cercle de la sphère la distance du pôle de ce cercle à l'un de ses points.

REMARQUE 2. — Le rayon polaire d'un grand cercle est égal à la corde du quart de ce cercle. Car le rayon polaire, de même que la corde du quadrant sont les hypoténuses de triangles rectangles isoscèles. Donc les côtés de l'angle droit sont égaux, puisque les uns sont rayons de la sphère, et les autres, rayons d'un grand cercle.

PROBLÈME 1.

Étant donnée une sphère, trouver son rayon par une construction plane (Pl. IX, fig. 10).

Soit O une sphère donnée: par un point D, pris arbitrairement, sur la surface de cette sphère je trace, avec une ouverture quelconque de compas, un cercle, et je prends trois points à volonté sur ce cercle. Soit les trois points A, B, C. Je mesure, avec le compas, les trois côtés du triangle ABC inscrit dans ce cercle, et je construis, sur un plan, un triangle égal à ABC (Pl. IX, fig. 11). Je pourrai, d'après

185

un problème connu, construire le cercle circonscrit à ce triangle. Le rayon OA, ainsi déterminé, sera le rayon du petit cercle ABC. Élevons au point O sur OA la perpendiculaire indéfinie POQ et décrivons du point A, comme centre avec le rayon polaire du petit cercle, un arc de cercle qui coupe en Q cette perpendiculaire ; nous aurons ainsi le triangle AOQ égal au triangle DRI (fig. 10), et comme RE est perpendiculaire à RD, menons au point A sur AQ la ligne AP perpendiculaire à AQ. Cette ligne ira rencontrer PQ en un point P, et le triangle PAQ sera égal au triangle DRE comme ayant AQ = DR, l'angle droit A égal à R et l'angle AQO égal à l'angle RDI, puisque les triangles rectangles AQO, RDI ont été construits égaux chacun à chacun.

L'hypoténuse PQ donne donc le diamètre de la sphère, et par suite, son rayon.

THÉORÈME V.

L'angle dièdre de deux grands cercles se mesure par l'arc de grand cercle, décrit de son sommet comme centre, avec l'ouverture égale à un quadrant (Pl. X, fig. 2).

Soit ALB, AIB deux grands cercles se coupant suivant le diamètre AB, et soit LI l'arc d'un grand cercle, décrit du point A comme pôle, avec une ouverture égale au quadrant. Les angles AOL, AOI, ayant pour mesure des quadrants, sont des angles droits. Donc les lignes OL, OI sont des perpendiculaires élevées au même point de l'arête d'un angle dièdre dans chacune de ses faces. L'angle LOI est donc l'angle correspondant à cet angle dièdre, mais, dans le cercle OLI, cet angle est mesuré par l'arc de cercle LI. Donc l'angle de deux arcs de cercle se mesure bien ainsi que nous l'avons énoncé.

REMARQUE. — L'angle TAH, formé par les tangentes AH,

AT menées au point A à chacun des grands cercles ALB, AIB est aussi égal à l'angle LOI.

THÉORÈME VI.

Le plan perpendiculaire à l'extrémité d'un rayon d'une sphère est tangent à cette sphère (Pl. X, fig. 1).

Soit MN un plan perpendiculaire à l'extrémité du rayon OA.

Si on joint le centre O à un point quelconque B du plan MN, la ligne OB sera plus grande que OA, et par suite le plan MN n'aura de commun avec la sphère que le seul point A et sera tangent au point A à la sphère.

THÉORÈME VII.

Réciproquement, tout plan tangent à une sphère, est perpendiculaire au rayon mené au point de contact.

Supposons que le plan MN touche la sphère au point A. Tous les points du plan excepté le point A sont extérieurs à la surface de la sphère, et par conséquent à une distance du point O plus grande que le rayon de la sphère. En d'autres termes, le rayon OA est la plus courte ligne qu'on puisse mener du point O à ce plan. C'est donc la perpendiculaire abaissée de ce point sur le plan.

DIX-NEUVIÈME LEÇON.

Définitions.

1. Une figure tourne autour d'une droite par un mouvement de révolution, lorsque chaque point de la figure se meut sur une circonférence qui a son centre sur la droite et dont le plan est perpendiculaire à cette même droite.

2. La figure a fait une révolution entière autour de la droite, lorsque chacun de ses points a décrit une circonférence.

THÉORÈME I.

La surface engendrée par la base d'un triangle isocèle, qui fait une révolution entière autour d'une droite menée par son sommet dans son plan et hors du triangle, a pour mesure la projection de sa base sur l'axe multipliée par la circonférence qui aurait pour rayon la hauteur du triangle (Pl. IX, fig. 9).

Désignons par *surf.* AB la surface dont AB est la génératrice. Quand le triangle isocèle AOB tourne autour de l'axe OFG, la droite AB, faisant une révolution entière autour de FG, décrit la surface latérale d'un tronc de cône dont AM et BN sont les rayons des bases. Donc

$$surf.\ AB = AB \times 2\pi IK,$$

I étant le milieu de AB.

Joignons OI et menons AX parallèle à MN jusqu'à la rencontre de BN. Les deux triangles OIK, ABX ayant les côtés perpendiculaires sont semblables et donnent $\dfrac{AB}{OI} = \dfrac{AX}{IK}$, et comme $AX = MN$ on a aussi $\dfrac{AB}{OI} = \dfrac{MN}{IK}$, ou ce qui revient au même, $AB \times IK = MN \times OI$. Remplaçant $AB \times IK$ par $MN \times OI$ dans la mesure de *surf.* AB, on aura

$$surf. \ AB = MN \times 2_\pi \ OI,$$

ce qui justifie l'énoncé.

REMARQUE. — Un des côtés du triangle générateur ABC peut être dans la direction de l'axe (Pl. X, fig. 3). Alors la droite BC décrit la surface latérale d'un cône dont BP est le rayon de la base. Donc on a *surf.* $BC = 2_\pi BP \times CD$. Mais les triangles ADC, DPC sont semblables comme étant rectangles et ayant un angle aigu commun C. D'où nous tirons $\dfrac{BP}{AD} = \dfrac{CP}{CD}$ ou bien $BP \times CD = CP \times AD$ et par suite *surf.* $BC = CP \times 2_\pi AD$.

Enfin, la base du triangle ABC peut être parallèle à l'axe (Pl. X, fig. 4). Alors BC décrit la surface latérale d'un cylindre dont PQ est la hauteur, BP, CQ les rayons des bases. Donc *surf.* $BC = PQ \times 2_\pi BP$, ou *surf.* $BC = PQ \times 2_\pi AD$.

THÉORÈME II.

La surface décrite par une ligne brisée régulière tournant autour du diamètre de la circonférence circonscrite, extérieur à cette ligne, a pour mesure sa projection sur l'axe multipliée par la circonférence qui a pour rayon l'apothème de la ligne régulière (Pl. IX, fig. 9).

Soit ABCD une ligne brisée régulière, tournant autour du diamètre FG extérieur à cette ligne. Joignons le centre O à tous les sommets de cette ligne, chaque côté sera la base d'un triangle isocèle qui ne pourra être, par rapport à l'axe, que dans l'une des trois situations précédemment expliquées et l'énoncé précédent sera applicable à la base de chaque triangle isocèle. Mais tous ces triangles étant égaux, l'apothème OI est invariable. Donc la surface décrite par la somme de tous les côtés aura pour mesure la circonférence qui a pour rayon l'apothème multipliée par la somme des projections de chaque côté sur l'axe, qui n'est autre que la projection MO de la ligne totale. Ce qu'il fallait démontrer.

Remarque. — Si la ligne brisée régulière est un demi-polygone régulier, la projection de cette ligne devient égale au diamètre.

Corollaire 1. — *L'aire d'une zone est égale à la circonférence d'un grand cercle multipliée par sa hauteur.*

Une zone est la portion de surface sphérique décrite par un arc de cercle tournant d'un mouvement de révolution autour d'un diamètre. Si on inscrit dans cet arc une ligne brisée régulière, la surface décrite par cette ligne brisée aura pour mesure sa projection qui sera aussi celle de l'arc multipliée par la circonférence qui a pour rayon l'apothème. Or, si l'on suppose très petits les côtés de cette ligne brisée, l'apothème tend à se confondre avec le rayon de l'arc, donc en passant à la limite la surface d'une zone est égale à sa hauteur multipliée par la circonférence d'un grand cercle.

Corollaire 2. — Ainsi, la zone FABO aura pour mesure $2_\pi OA \times FN$; la zone OBCG aura pour mesure $2_\pi OA \times GN$ et comme la sphère est la somme des deux zones on aura, pour la surface de la sphère, $2_\pi OA \times (FN + GN)$ ou bien $2_\pi OA \times FG$. Ainsi, *la surface de la sphère est égale à la circonférence d'un grand cercle multipliée par son diamètre.*

Corollaire 3. — Si on désigne par R le rayon d'une sphère, l'expression de la surface sera $2\pi R \times 2R$ ou $4\pi R^2$; on peut donc dire que *la surface d'une sphère est quadruple de celle d'un grand cercle.*

De même, si nous appelons H la hauteur d'une zone, la surface de cette zone aura pour expression $2\pi RH$. Elle équivaut donc à la surface latérale d'un cylindre de même hauteur et dont la base serait un grand cercle de la sphère.

Remarque. — L'arc AD, en tournant, décrit une zone à deux bases, l'arc FB décrit une zone à une seule base.

VINGTIÈME LEÇON.

THÉORÈME I.

Le volume engendré par un triangle tournant autour d'un axe mené dans son plan par un de ses sommets a pour mesure la surface engendrée par la base, multipliée par le tiers de la hauteur correspondante.

Nous distinguerons trois cas principaux : 1° l'axe se confond avec un côté; 2° l'axe est rencontré par la base; 3° l'axe est parallèle à la base.

1° Soit le triangle ABC tournant autour de son côté AB pris pour axe (Pl. X, fig. 5).

Considérons BC comme la base, et nommons H la hauteur correspondante. Il peut arriver plusieurs cas particuliers selon la nature des angles adjacents à la base AB. Mais ces divers cas se ramènent facilement à celui que nous traiterons où les angles A et B sont aigus. Abaissons du point C une perpendiculaire CD sur l'axe. Le volume engendré par ABC est la somme des volumes engendrés par les deux triangles rectangles ADC, BDC. Ces volumes sont des cônes droits ayant pour base commune le cercle de rayon CD, et pour hauteurs AD et BD. Le volume engendré par le triangle ABC a pour mesure

$$\tfrac{1}{3}\pi\overline{CD}^2 AD + \tfrac{1}{3}\pi\overline{CD}^2 \times BD,$$

ou bien $\tfrac{1}{3}\pi\overline{CD}^2 AB$. Mais $CD \times AB$ exprime le double de l'aire du triangle et peut donc se remplacer par $BC \times H$ en nommant H la hauteur correspondante à BC. Donc le volume a pour expression $\tfrac{1}{3}\pi \ CD \times BC \times H$. Mais la surface latérale du cône droit décrit par BC a pour expression $\pi CD \times BC$. Donc l'expression du volume est *surf.* $BC \times \tfrac{1}{3}H$. Ce qui justifie l'énoncé.

2° La base prolongée rencontre l'axe (Pl. X, fig. 6).

Soit ACD le triangle tournant autour de AB. Je prolonge CD jusqu'à ce qu'il rencontre l'axe au point B. Le volume engendré par le triangle ACD est la différence des volumes engendrés par les triangles ACB, ADB qui rentrent dans le premier cas. L'expression de ces volumes en nommant H la hauteur commune correspondante à CD est

$$vol. \ ACB = \tfrac{1}{3}H \times surf. \ BC,$$

$$vol. \ ADB = \tfrac{1}{3}H \ surf. \ BD.$$

Donc

$$vol. \ ACD = \tfrac{1}{3}H \times (surf. \ BC - surf. \ BD) = \tfrac{1}{3}H \times surf. \ CD.$$

3° Supposons l'axe parallèle à la base du triangle (Pl. X, fig. 7).

Il peut encore ici arriver trois cas :

1° Le point A, sommet du triangle, est situé entre les

deux projections des extrémités de la base. 2° Il peut être l'une de ces projections si le triangle est rectangle en B ou en C. 3° Enfin, il peut être au-delà des projections D et E si l'un des angles à la base est obtus. Ces divers cas se ramènent facilement au premier cas supposé dans la figure. On voit que le volume engendré par le triangle BAC est égal au volume du cylindre engendré par le rectangle BCED, moins les cônes engendrés par les triangles rectangles BAD, CAE. Mais le volume du cylindre, en nommant toujours H la hauteur du triangle est égal à $\pi H^2 DE$, les volumes des cônes sont égaux à $\frac{1}{3}\pi H^2 DA$, et $\frac{1}{3}\pi H^2 AE$. Donc la somme est $\frac{1}{3}\pi H^2 DE$. Donc le volume engendré par le triangle est

$$\pi H^2 DE - \frac{1}{3}\pi H^2 DE = \frac{2}{3}\pi H^2 DE = 2\pi HDE \times \frac{1}{3} H.$$

Mais $2\pi HDE$ représente la surface latérale du cylindre engendré par la base, tournant autour de l'axe. Donc, dans tous les cas, le volume engendré par le triangle a pour mesure la surface décrite par sa base, multipliée par le tiers de la hauteur correspondante.

THÉORÈME II.

Le volume engendré par un secteur polygonal régulier, tournant autour d'un axe mené dans son plan et par son centre, a pour mesure la surface décrite par la ligne régulière qui lui sert de base multipliée par le tiers de l'apothème (Pl. IX, fig. 9).

Soit OABCD un secteur polygonal régulier tournant autour d'un diamètre FG mené par son centre dans son plan. Si l'on joint le centre à tous les sommets, on décompose le secteur polygonal en une suite de triangles isoscèles tous égaux entr'eux et ayant même apothème. Désignons cet apothème par H. On aura *vol.* OAB $= \frac{1}{3} H \times surf.$ AB.

vol. OBC $= \frac{1}{3}$H $\times$ *surf.* BC, *vol.* OCD $= \frac{1}{3}$H $\times$ '*surf.* CD.

Donc   *vol. sect.* $= \frac{1}{3}$H $\times$ *surf.* ABCD.

Ce qu'il fallait démontrer.

CorollaIRE 1. — Si l'on passe à la limite, c'est-à-dire si on suppose les côtés de la ligne régulière très petits, cette ligne se confondra avec l'arc de cercle circonscrit et le secteur polygonal avec un secteur circulaire. Donc *le volume engendré par un secteur circulaire tournant autour d'un diamètre extérieur est égal à la zone qui lui sert de base, multipliée par le tiers du rayon.*

CorollaIRE 2. — Comme le volume de la sphère est la somme des volumes des deux secteurs circulaires FOA, AOG, on verra que le volume de la sphère est égal à la somme des surfaces des deux zones décrites par les arcs AF, AG, ou *à la surface même de la sphère multipliée par le tiers du rayon.*

REMARQUE 1. — Si on désigne par R le rayon d'une sphère, on sait que sa surface s'exprime par $4\pi R^2$. Donc son volume sera $4\pi R^2 \times \dfrac{R}{3}$, ou égal à $\frac{4}{3}\pi R^3$, ou bien si on désigne par D le diamètre d'une sphère comme R $= \dfrac{D}{2}$, le volume deviendra $\frac{4}{3}\pi \dfrac{D^3}{8}$ ou $\frac{1}{6}\pi D^3$.

REMARQUE 2. — Le rapport des volumes de deux sphères est le même que le rapport des cubes de leurs rayons ou de leurs diamètres.

THÉORÈME III.

Le volume engendré par un triangle isoscèle, tournant autour d'un axe mené dans son plan par son sommet, est égal aux

194

deux tiers du cercle qui a pour rayon la hauteur du triangle multipliée par la projection de la base sur l'axe (Pl. IX, fig. 12).

Soit BAC le triangle isoscèle tournant autour de MN. On sait que le volume a pour expression,

$$\text{surf. BC} \times \tfrac{1}{3}\text{ AD (th. 1).}$$

Or, on a démontré (leç. 19, th. 1) que la surface décrite par la base d'un triangle isoscèle avait, dans tous les cas, pour expression 2π AD PQ.

En nommant PQ la projection de BC sur l'axe on aura donc :

$$\text{vol. BAC} = \tfrac{2}{3}\pi \overline{\text{AD}}^2 \text{PQ}.$$

Ce qui démontre le théorème énoncé.

THÉORÈME IV.

Le volume engendré par un segment circulaire, tournant autour d'un diamètre extérieur, est égal à la sixième partie du cercle qui a pour rayon sa corde multipliée par sa projection sur l'axe.

Imaginons que (Pl. IX, fig. 12), on ait tracé un arc de cercle du point A comme centre avec AB pour rayon ; cet arc passera en C, et si on fait tourner la figure autour de MN, le secteur circulaire ainsi obtenu engendrera un secteur sphérique dont le volume aura pour expression $\tfrac{2}{3}\pi\overline{\text{AC}}^2\text{PQ}$.

Mais le volume engendré par le triangle isoscèle a pour expression $\tfrac{2}{3}\pi\overline{\text{AD}}^2\text{PQ}$.

Donc la différence de ces deux volumes, ou le volume décrit par le segment circulaire aura pour expression $\tfrac{2}{3}\pi\text{PQ}(\overline{\text{AC}}^2-\overline{\text{AD}}^2)$.

Le triangle rectangle ADC donne

$$AC^2 - \overline{AD}^2 = \overline{CD}^2 = \frac{\overline{BC}^2}{4}.$$

Donc le volume engendré par le segment circulaire aura pour expression $\frac{1}{6}\pi\overline{BC}^2 PQ$.

REMARQUE. — Cette proposition ne cesse pas d'être vraie, quelle que soit la position de BC par rapport à l'axe, puisque les propositions sur lesquelles elle se fonde, ont été démontrées générales.

THÉORÈME V.

Le volume d'un segment sphérique à une base, est équivalent à la moitié d'un cylindre de même base et de même hauteur, plus une sphère, dont cette hauteur est le diamètre.

Soit l'aire mixtiligne DOG (Pl. IX, fig. 2) qui, par sa révolution autour de DE, engendre le segment sphérique à une base. Joignons GC, et nommons CI la perpendiculaire menée du centre C au milieu de DG [1].

Le volume du segment se compose du volume décrit par le segment circulaire DG et du cône décrit par le triangle rectangle DOG. Nommant V, le volume cherché, on aura

$$V = \tfrac{1}{3}\pi\overline{OG}^2 \times OD + \tfrac{1}{6}\pi\overline{DG}^2 \times OD = \tfrac{1}{6}\pi OD(\overline{DG}^2 + 2\overline{OG}^2).$$

Mais le triangle rectangle DOG, donne $\overline{DG}^2 = \overline{OD}^2 + \overline{OG}^2$. Donc on aura, en substituant

$$V = \tfrac{1}{6}\pi OD(\overline{OD}^2 + 3\overline{OG}^2) = \tfrac{1}{6}\pi\overline{OD}^3 + \tfrac{1}{2}\pi OD\overline{OG}^2.$$

[1] Cette ligne a été omise sur la figure, et doit être rétablie par les élèves.

Le premier terme représente le volume de la sphère dont OD est le diamètre, et le second terme est la moitié du volume d'un cylindre de hauteur OD et dont la base a pour rayon OG. Ce qui légitime l'énoncé du théorème.

COROLLAIRE. — Le volume de la sphère est la somme des volumes de deux segments sphériques à une base commune FMG et dont les hauteurs sont DO, OE. On aurait donc, en appliquant le théorème précedent,

$$vol.\ sph. = \tfrac{1}{6}\pi\overline{OD}^3 + \tfrac{1}{6}\pi\overline{OE}^3 + \tfrac{1}{2}\pi\overline{OG}^2(DO + OE).$$

Si on observe OG, étant moyen proportionnel entre DO et OE, on doit avoir $\overline{OG}^2 = DO \times OE$.

Il viendra, en substituant et mettant $\tfrac{1}{6}\pi$ en facteur commun,

$$vol.\ sph. = \tfrac{1}{6}\pi(\overline{OD}^3 + \overline{OE}^3 + 3\overline{DO}^2 \times OE + 3\overline{OE}^2 \times DO),$$

Or, le facteur entre parenthèses est le cube de DO + OE, ou DE. Donc

$$vol.\ sph. = \tfrac{1}{6}\pi\overline{DE}^3 = \tfrac{4}{3}\pi\overline{CD}^3,$$

en remplaçant DE par 2CD.

Ce qui donne un nouveau moyen de déterminer le volume de la sphère, soit en fonction du diamètre ou en fonction du rayon.

REMARQUE. — Ce volume étant connu, on pourra calculer le volume du segment à deux bases, en le regardant comme la différence des volumes de deux segments à une base. Nous laissons au lecteur le soin de faire ce calcul.

Les lignes qui joignent les sommets d'un triangle ABC aux milieux des côtés opposés, se coupent en un même point (Pl. X, fig. 9).

Joignons les sommets B et C aux milieux E et F des côtés AC, AB, ces lignes se couperont en un certain point G; joignons AG qui coupe BC en un point D, qui sera le milieu de BC.

En effet, menons par le point C la ligne CH, parallèle à BE, qui coupe AD prolongé en H, et joignons BH. GE étant parallèle à la base du triangle AHC, nous avons $\frac{AG}{GH} = \frac{AE}{EC}$; mais le rapport de AE à CE étant le même que celui de AF à BF, nous aurons aussi $\frac{AG}{GH} = \frac{AF}{BF}$.

Donc BH est parallèle à GF, et la figure BGCH étant un parallélogramme, le point D est le milieu de BC. Ce qu'il fallait démontrer.

COROLLAIRE. — A cause des rapports $\frac{AG}{GH} = \frac{AF}{BF}$ on voit que AG = GH. Or, à cause du parallélogramme, GH=2GD. Donc AG = 2GD et AG + GD = AD = 3GD. Ainsi, le point G est situé au tiers de AD à partir de la base.

Comme on aurait pu faire les constructions précédentes pour toute autre ligne que AD, nous pouvons ajouter à l'énoncé du théorème que le point de rencontre est situé au tiers de chaque ligne qui joint le sommet au milieu de la base, à partir de la base. Ces lignes sont quelquefois appelées *médianes*.

Nous conserverons à ce point la dénomination de *centre de gravité* qu'on lui donne en *Statique* ou en *Mécanique*.

THÉORÈME VII.

Le volume engendré par un triangle ABC, tournant autour d'un axe extérieur PR, *situé dans son plan, est égal à l'aire du triangle générateur, multipliée par la circonférence que décrit son centre de gravité* (Pl. X, fig. 13).

Des trois sommets A, B, C, menons les perpendiculaires à l'axe AP, BQ, CR que nous désignerons, pour abréger, par y, y', y''.

Le volume engendré par le triangle sera égal à la somme des troncs de cône décrits par les trapèzes APQB, BQRC, moins le tronc de cône décrit par le trapèze APRC.

Or, on a les expressions :

$$vol.\ APQB = \tfrac{1}{3}\pi PQ(y^2 + y'^2 + yy')$$

$$vol.\ BQRC = \tfrac{1}{3}\pi QR(y'^2 + y''^2 + y'y'')$$

$$vol.\ APRC = \tfrac{1}{3}\pi(PQ(+QR)(y^2 + y''^2 + yy'')$$

Par suite :

$$vol.\,ABC = \tfrac{1}{3}\pi PQ(y'^2 - y''^2 + yy' - yy'') + \tfrac{1}{3}\pi QR(y'^2 - y^2 + y'y'' - yy'')$$

Mais, si l'on observe que chaque facteur entre parenthèses est divisible, soit par $y' - y''$ ou par $y' - y$, on pourra mettre l'expression précédente sous la forme :

$$v.\,ABC = \tfrac{1}{3}\pi PQ(y' - y'')(y + y' + y'') + \tfrac{1}{3}\pi QR(y' - y)(y + y' + y'')$$

ou bien encore :

$$vol.\ ABC = \tfrac{1}{3}\pi(y + y' + y'')[PQy' - y'') + QR(y' - y)]$$

Mais l'aire du triangle générateur :

$$ABC = APQB + BQRC - APRC$$

On a donc, en désignant par T l'aire du triangle :

$$2T = PQ(y' + y) + QR(y' + y'') - (PQ + QR)(y + y'').$$

En effectuant les réductions, il viendra :

$$2T = PQ(y' - y'') + QR(y' - y)$$

Et l'expression du volume deviendra :

$$vol.\ ABC = T + 2_\pi \frac{y + y' + y''}{3}.$$

Or, si on désigne par Y la perpendiculaire abaissée sur l'axe PR du centre de gravité, du triangle ABC, nous aurons : $3Y = y + y' + y''$.

En effet, la perpendiculaire menée du milieu de AB sur l'axe, serait égale à $\frac{y + y'}{2}$ et d'après le problème suivant, le point G étant au tiers de la médiane, à partir de la base, on aura :

$$Y = \frac{2\left(\frac{y+y'}{2}\right) + y''}{3} = \frac{y + y' + y''}{3}.$$

Donc, $vol.\ ABC = T \times 2_\pi Y.$

Remarque 1. — Si l'axe PR de révolution et le centre de gravité G du triangle restent à une distance invariable Y, le triangle prend toutes les positions possibles autour de son centre de gravité; le volume décrit par la rotation du triangle dans l'une quelconque de ses positions sera constant.

REMARQUE 2. — Comme l'on n'a fait aucune hypothèse sur la position de l'axe, on voit de nouveau que, quand même l'axe passerait par un ou deux sommets du triangle considéré, l'expression du volume serait toujours égale à l'aire génératrice multipliée par la circonférence que décrit son centre de gravité.

COROLLAIRE. — On reconnaîtra facilement que si deux triangles semblables, semblablement placés par rapport à un axe, effectuent une révolution, les volumes engendrés seront entr'eux comme les cubes des dimensions homologues.

PROBLÈME I.

Si d'un point O situé entre les extrémités d'une droite AB *déterminée de longueur, on abaisse une perpendiculaire sur une droite quelconque* NV, *déterminer le rapport qui existe entre cette perpendiculaire et celles qui sont abaissées des extrémités de la droite* (Pl. X, fig. 10).

Supposons que le point O partage la droite AB en deux segments AO, BO proportionnels aux lignes m et n, et par le point A menons une parallèle à NV : la perpendiculaire OF se compose de AP + OI.

Or, les triangles semblables AIO, ABD donnent

$$\frac{OI}{BC - AP} = \frac{m}{m + n}$$

et par suite

$$OI = \frac{mBC - mAP}{m + n}$$

donc
$$OF = \frac{nAP + mBC}{m + n}.$$

REMARQUE. — Si on suppose $m = n$, ou si on suppose le point O au milieu de AB, on retrouve la propriété connue du trapèze

$$OF = \frac{AP + BC}{2}.$$

PROBLÈME II.

Trouver le volume engendré par un polygone quelconque tournant autour d'un axe extérieur situé dans son plan (Pl. X, fig. 11).

1° Considérons d'abord le quadrilatère ABCD tournant autour de XY. Tirons la diagonale AC, et des centres de gravité G et G' des deux triangles, menons les perpendiculaires GP, G'Q que nous représenterons par Y et Y'. Désignons aussi par T et T' les triangles correspondants, nous aurons

$$vol.\ ABC = T \times 2_\pi Y,$$

$$vol.\ ACD = T' \times 2_\pi Y',$$

et par suite :

$$vol.\ ABCD = 2_\pi \times (TY + T'Y').$$

Mais si nous appelons Q l'aire du quadrilatère, nous pourrons toujours poser $T = \frac{Q}{m}$; alors T' sera égal à

$$\text{...} \frac{(m-1)Q}{m+a} = \text{...}$$

et l'expression du volume engendré deviendra

$$\text{vol. ABCD} = Q \times 2_\pi \times \left(\frac{Y + (m-1)Y'}{m} \right)$$

Joignons GG′ et prenons sur cette droite un point G″ tel qu'on ait

$$\frac{G''G}{G''G'} = \frac{T'}{T}$$

On aura encore $\dfrac{G''G}{G''G'} = \dfrac{m-1}{1}$

Or, d'après le problème précédent, en désignant par Y″ la perpendiculaire G″R, on aura

$$Y'' = \frac{Y + (m-1)Y'}{m}$$

Donc l'expression du volume sera égale à $Q \times 2_\pi Y''$, c'est-à-dire, à l'aire génératrice multipliée par la circonférence que décrit un point unique de son plan et parfaitement déterminé.

Ce point, dont nous avons indiqué la détermination, coïncide avec le point connu, en Statique et en Mécanique, sous la dénomination de *centre de gravité du polygone*, et bien que sa détermination repose dans ces sciences, sur d'autres considérations, comme elle se ramène toujours aux constructions géométriques, nous conserverons à ce point le nom de *centre de gravité*.

2° Imaginons maintenant qu'on ait démontré, pour un

polygone de m côtés tournant autour d'un axe situé dans son plan, que le volume engendré est égal à l'aire génératrice multipliée par la circonférence que décrirait son centre de gravité : nous allons voir que la même propriété subsiste pour le volume engendré par un polygone de $m + 1$ côtés.

Un polygone de $m + 1$ côtés, pouvant toujours se décomposer en un triangle et un polygone de m côtés, soient G et G' les centres de gravité de ce polygone et de ce triangle. Représentons par A et A' leurs aires respectives et par Y et Y' les perpendiculaires GP, G'Q menées sur l'axe de révolution.

L'expression du volume engendré par le polygone de $m + 1$ côtés sera :

$$2_\pi AY + 2_\pi^- A'Y'$$

ou
$$2_\pi(AY + A'Y').$$

Or, désignons par P l'aire du polygone de $m + 1$ côtés, on pourra toujours poser

$$A = \frac{P}{X} \; ; \; \text{alors vient } A' = \frac{(X - 1)P}{X},$$

et l'expression du volume deviendra :

$$P \times 2_\pi\left(\frac{Y + (X - 1)Y'}{X}\right).$$

Prenons encore sur la droite GG' un point G'', tel qu'on ait

$$\frac{G''G}{G''G'} = \frac{A'}{A} = \frac{X - 1}{1}.$$

La perpendiculaire Y'' abaissée de ce point G'' sur l'axe de révolutiou sera égale à

$$\frac{Y + (X - 1)Y}{X}$$

Donc l'expression du volume engendré par le polygone de $m + 1$ côtés sera encore égale à $P \times 2\pi Y''$, c'est-à-dire à l'aire génératrice multipliée par la circonférence que décrit un point du plan, parfaitement déterminé de position, et que, pour la même raison que plus haut, nous appellerons centre de gravité du polygone. Or, puisque le théorème est vrai pour les polygones de trois et quatre côtés, il sera vrai pour le polygone suivant, et ainsi de suite pour toutes sortes de polygones ; nous pouvons donc conclure ce théorème général dû à Guldin : *Le volume engendré par une aire plane tournant autour d'un axe situé dans son plan est égal à l'aire génératrice multipliée par la circonférence que décrit son centre de gravité.*

Corollaire. — *Les volumes décrits par deux polygones semblables, semblablement placés par rapport à l'axe de révolution, sont entr'eux comme les cubes des dimensions homologues.*

Remarque. — Si un polygone tourne autour d'une droite passant par son sommet, le volume engendré sera *maximum* lorsque l'axe de rotation sera perpendiculaire à la ligne qui joint le sommet au centre de gravité du polygone.

THÉORÈME.

Les surfaces de la sphère, du cylindre et du cône équilatéral circonscrits, sont entr'elles dans le rapport de 4, 6, 9. Les volumes de ces trois corps sont entr'eux dans le même rapport.

Circonscrivons à un grand cercle OI de la sphère le carré ABCD, le triangle équilatéral SHK, et faisons tourner le système autour de SL ; nous engendrerons ainsi la sphère, le cylindre circonscrit et le cône équilatéral circonscrit.

Or, LK $= R\sqrt{3}$, SL $= 3R$; nous aurons donc, pour les surfaces totales des trois corps :

$$surf.\ sph\acute{e}r.\ R = 4\pi R^2,$$

$$surf.\ cyl. = 2\pi R \times 2R + 2\pi R^2 = 6\pi R^2,$$

$$surf.\ c\hat{o}ne = 2\pi R\sqrt{3} \times R\sqrt{3} + 3\pi R^2 = 9\pi R^2.$$

Donc, les surfaces des trois corps sont proportionnelles aux nombres 4, 6, 9.

Nous aurons de même :

$$vol.\ sph\acute{e}r. = \tfrac{4}{3}\pi R^3,$$

$$vol.\ cyl. = \pi R^2 \times 2R = 2\pi R^3,$$

$$vol.\ c\hat{o}ne = 3\pi R^2 \times R = 3\pi R^3.$$

Donc, les volumes de ces corps sont proportionnels aux nombres $\tfrac{4}{3}$, 2 et 3, ou 4, 6, 9.

Remarque 1. — La surface et le volume du cylindre sont moyenne proportionnelle entre les surfaces et les volumes de la sphère et du cône.

Remarque 2. — Il ne faudrait pas croire que les corps considérés soient les seuls corps circonscrits à la sphère pour lesquels les volumes soient dans le même rapport que les surfaces.

En effet, si un polyèdre est circonscrit à la sphère, on peut regarder ses faces comme les bases d'une série de pyramides ayant leur sommet commun au centre de la sphère, de telle sorte que le volume du polyèdre est égal à sa surface multipliée par le tiers du rayon de la sphère inscrite.

FIN DE LA GÉOMÉTRIE.

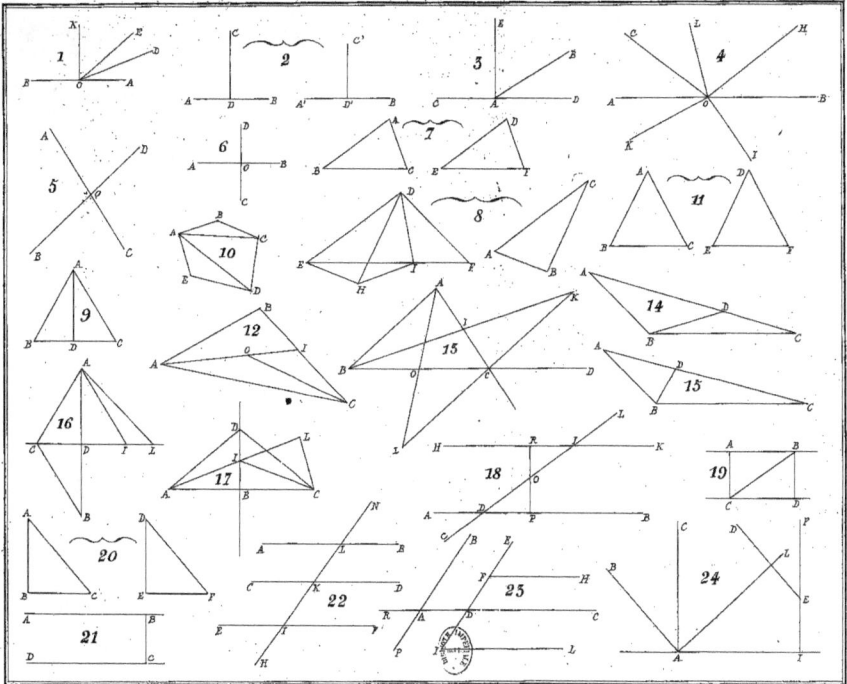

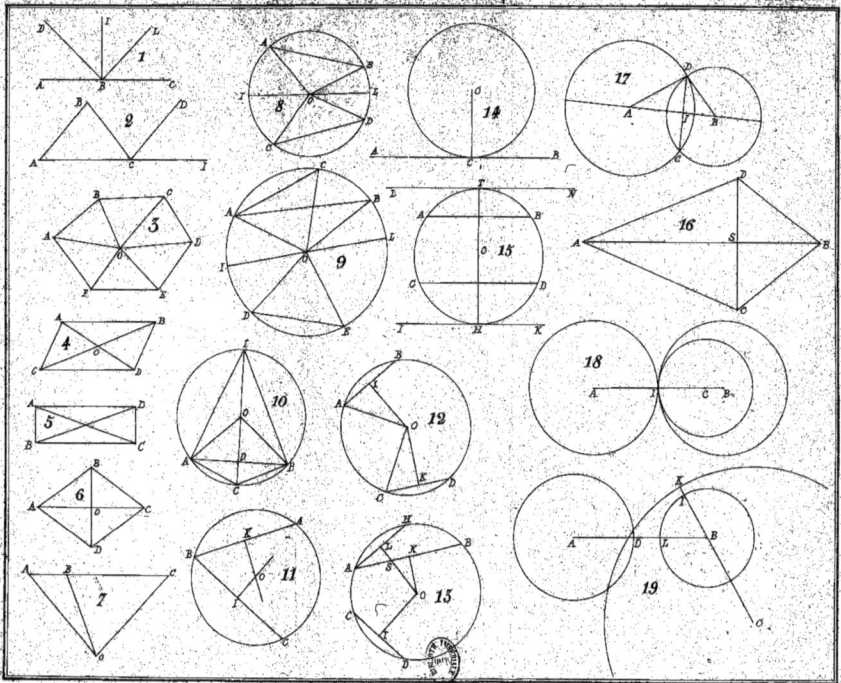

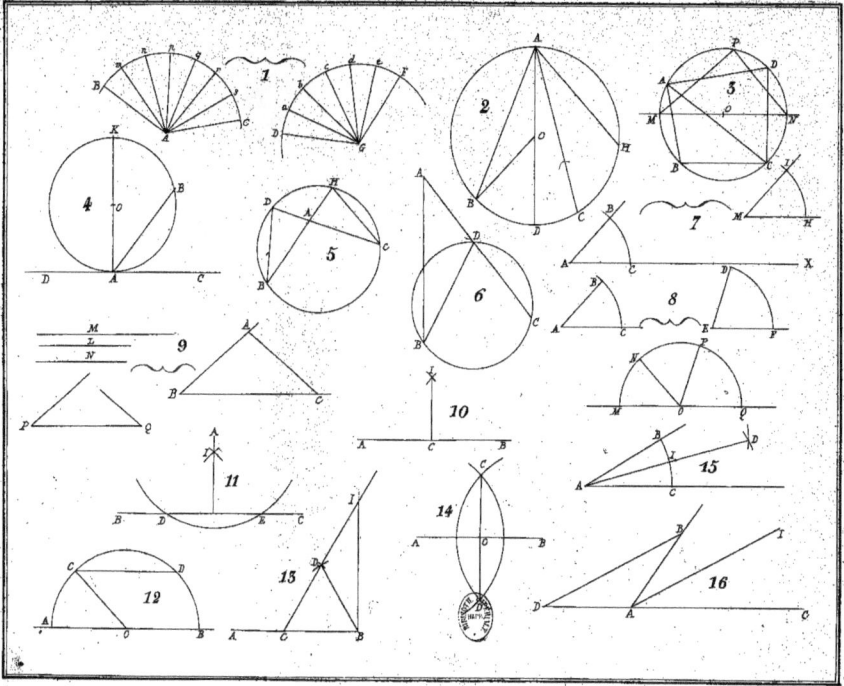

PL. IV.

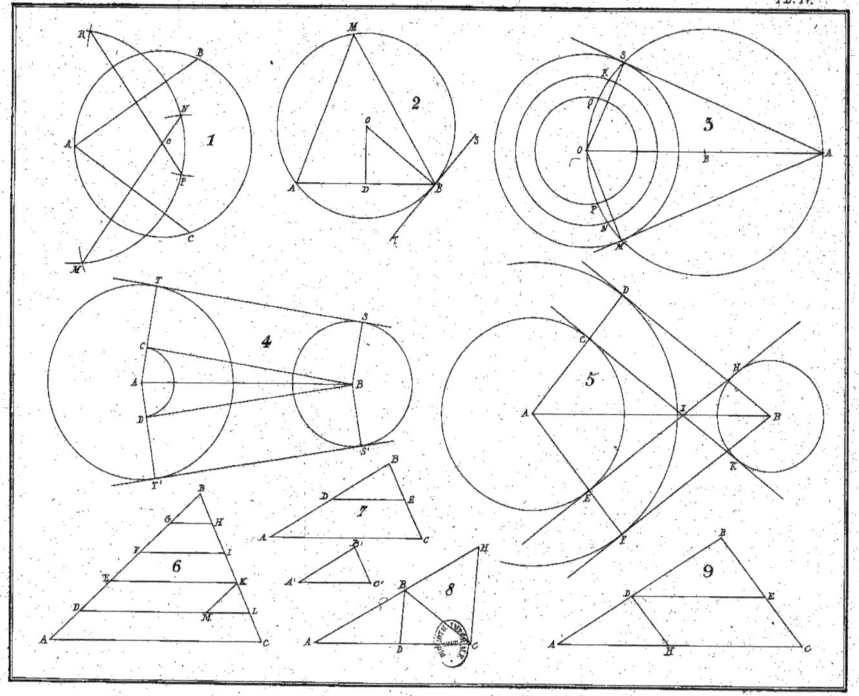

Aut. DELOR Toulouse

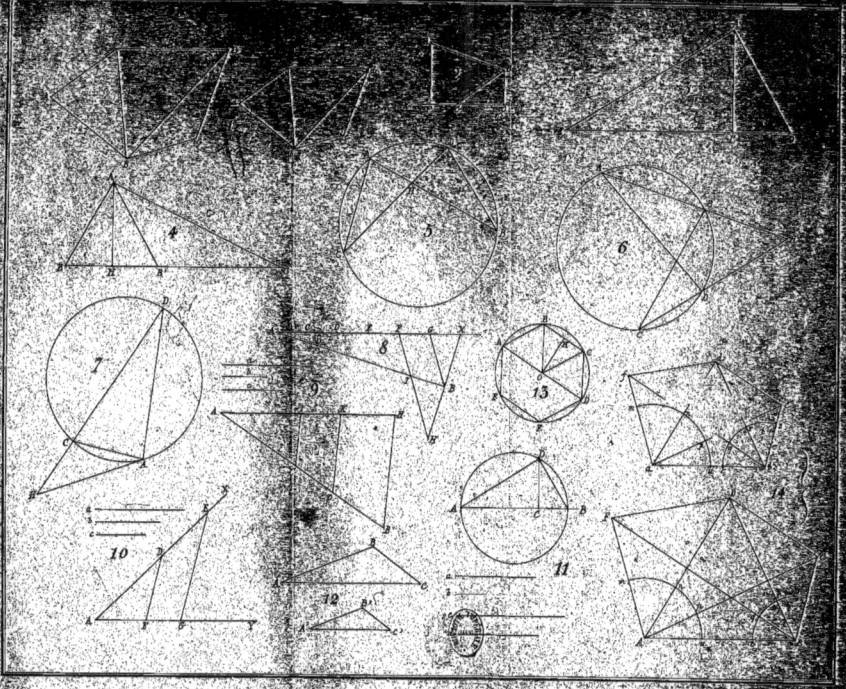

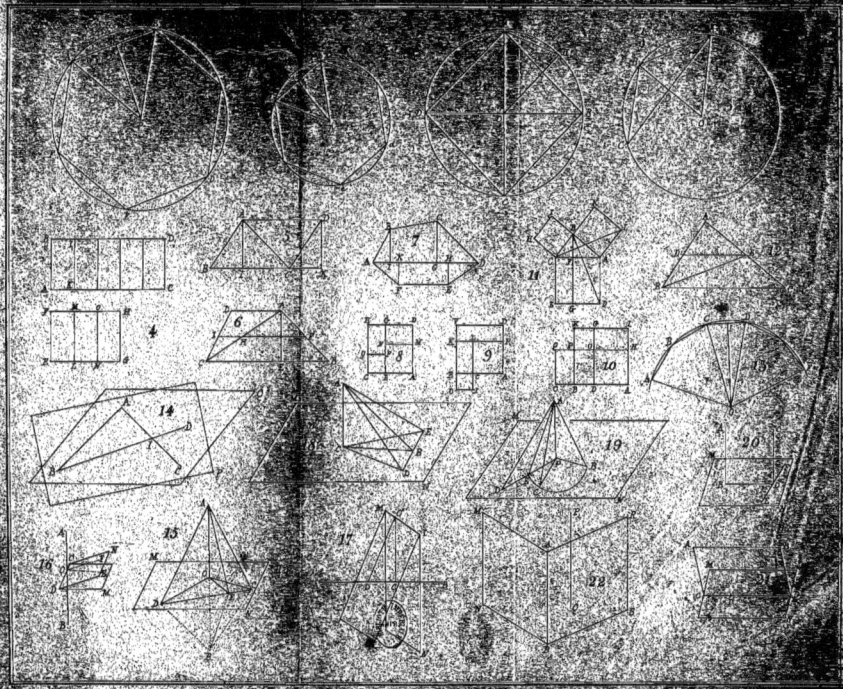

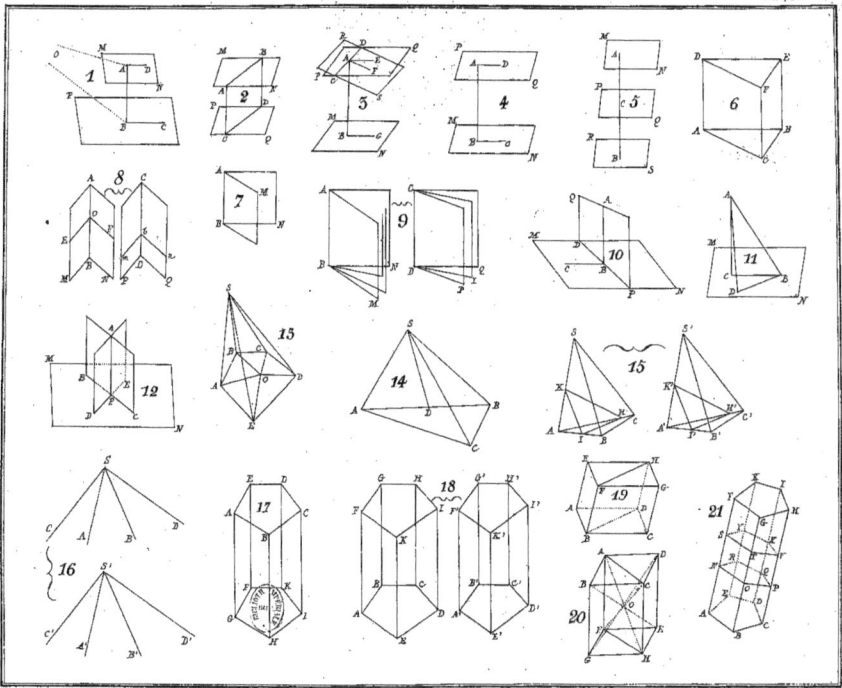

Pl. VIII.

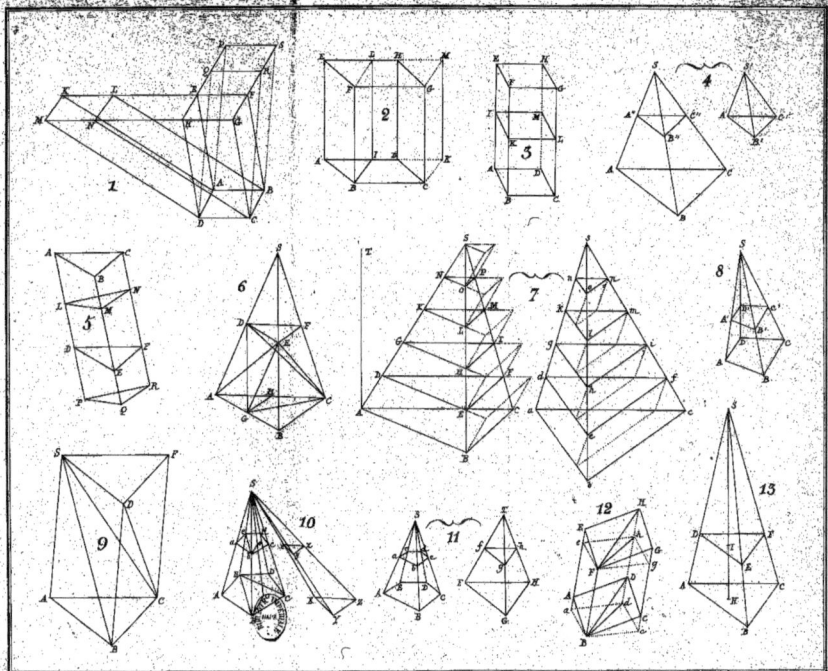

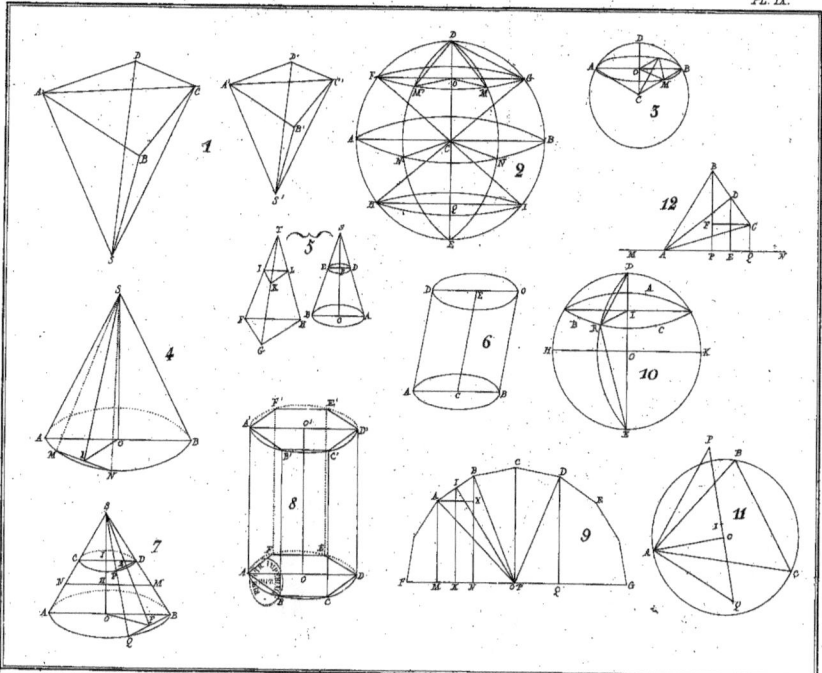

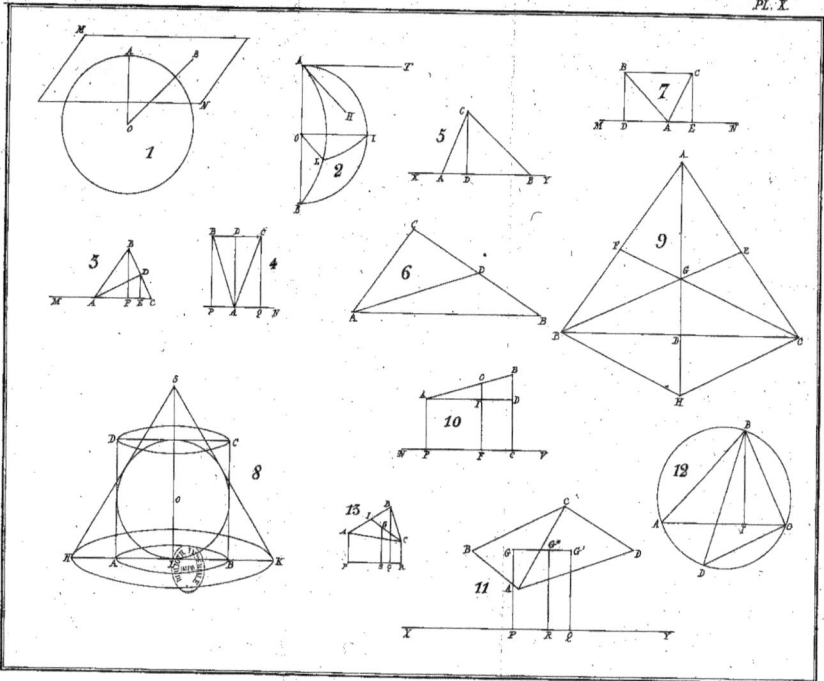

Aut. DELOR Poitiers.

www.ingramcontent.com/pod-product-compliance
Lightning Source LLC
Chambersburg PA
CBHW070501200326
41519CB00013B/2671